中国六堡茶大全

ZHONG
GUO
LIU
BAO
CHA
DA
QUAN

童团结 ⊙ 曾艳 ⊙ 著

广西科学技术出版社

图书在版编目（CIP）数据

中国六堡茶大全 / 童团结，曾艳著. — 南宁：广
西科学技术出版社，2023.12
ISBN 978-7-5551-2113-8

Ⅰ.①中… Ⅱ.①童… ②曾… Ⅲ.①茶文化－梧州
Ⅳ.①TS971.21

中国国家版本馆CIP数据核字（2024）第009205号

ZHONGGUO LIUBAOCHA DAQUAN
中国六堡茶大全
童团结　曾艳　著

出 版 人：梁　志　　　　　　　　　装帧设计：石绍康
责任编辑：饶　江　　　　　　　　　助理编辑：陆江南
责任校对：夏晓雯　　　　　　　　　责任印制：韦文印

出　　版：广西科学技术出版社
社　　址：广西南宁市东葛路66号
邮政编码：530023
网　　址：http：//www.gxkjs.com
印　　制：广西彩丰印务有限公司
开　　本：787mm×1092mm　1/16
印　　张：21.5
字　　数：356千字
版　　次：2023年12月第1版
印　　次：2023年12月第1次印刷
书　　号：ISBN 978-7-5551-2113-8
定　　价：588.00元

序一

中国工程院院士 陈宗懋

《中国六堡茶大全》是一部从茶史、茶叶、茶习俗、茶品鉴、茶仓储、茶人、茶企、茶产品、茶空间、茶馆藏、茶教育、茶组织、茶文旅、茶产业等方面介绍六堡茶的著作，是迄今为止收集较全面、覆盖面较广、富有创新、值得推荐的六堡茶"百科全书"。对于六堡茶从业者和爱好者来说，它是一本可读性很强的参考书。该书的出版，对六堡茶的宣传、推广、品牌发展将起到积极的推动作用。

作家童团结和曾艳勤于笔耕，深入茶山、茶企，以及茶叶博物馆、大学、科研所等处采访，一直致力于讲好中国茶文化故事，先后出版《广西名片：寻味六堡》《中国六堡茶传承人》等多部著作，对弘扬中国茶文化和提升六堡茶的品牌美誉度起到积极作用。

纵观《中国六堡茶大全》全书，我觉得该书有以下几个特点：一是整体构架完整、脉络清晰。以六堡茶的历史、种植、制作、习俗、教育、产业、文旅等为主线进行阐述，各部分知识点的介绍既全面，又具有典型性；二是内容创新，不乏味。该书内容，既突出知识性、专业性，又有可读性。如茶习俗、茶空间、茶文旅等部分内容故事性较强。三是观点新颖，填补多个六堡茶知识点的空白。如首次对茶企进行分类，首次将六堡陈茶、六堡新茶饮等写入书中；首次对六堡茶非遗传承人资料进行完善，首次将六堡茶传统工艺传承人和现代工艺传承人完整地收录书中。无疑，这部著作浸透着作者的辛勤汗水，是饱含作者深情与智慧的结晶。

中国是茶的原产地，是茶文化的故乡。中华民族最早发现、利用、栽培、加工、销售、品饮茶。如今，世界上有五十多个国家种茶，一百六十多个国家和地区、二十亿人饮茶，享受着茶的芳香和品茶的雅趣。中国六堡茶有着 1500 年的历史，茶船古道书写了六堡茶的历史记忆。2022 年 11 月，六堡茶制作技艺入列联合国教科文组织人类非物质文化遗产代表性目录子项目，标志着六堡茶进入了一个全新的发展阶段。如今的六堡茶，由"侨销茶"成为"俏销茶"。因此，出版《中国六堡茶大全》正逢其时！

人人饮茶，茶为国饮。饮茶一分钟，解渴；饮茶一小时，休闲；饮茶一个月，健康；饮茶一辈子，长寿。

衷心祝愿六堡茶走进千家万户，让更多的人品饮到其中的健康与乐趣。

2023 年 11 月 17 日

序二

中国工程院院士　刘仲华

　　《中国六堡茶大全》是我国第一本全面、系统介绍六堡茶的历史、种植、制作、文化、产业等的知识宝典。该书分为茶史、茶叶、茶习俗、茶品鉴、茶仓储、茶人、茶企、茶产品、茶空间、茶馆藏、茶教育、茶组织、茶文旅、茶产业等十四章，是一部专业性与可读性为一体的读物，对于研究六堡茶和传播中国茶文化具有很好的价值。

　　近年来，作家童团结和曾艳深耕六堡茶，先后出版《广西名片：寻味六堡》《中国六堡茶传承人》等著作，我有幸为其作序。这些优秀的作品，在茶界产生了广泛影响，对于宣传、推广六堡茶起到了积极作用，同时也大大地提升了六堡茶的品牌影响力和美誉度。

　　广西高度重视茶产业的发展，提出以六堡茶为引擎打造千亿元茶产业的战略目标，并把茶产业发展成为乡村振兴的支柱产业。我有幸得到广西政府的邀请，带领我的科研团队主持了六堡茶保健养生功效的研究课题。我们以六堡茶为研究对象，采用现代先进的分析仪器，在对六堡茶的品质与功能成分进行全面系统分析的基础上，构建一系列的动物模型和细胞模型，通过化学成分组学、细胞生物学以及生物化学与分子生物学等技术手段，揭示了六堡茶降脂减肥、调降血糖、调控尿酸、保护肝脏、调理肠胃、美容抗衰、抵御辐射、抵抗炎症、增强免疫力等保健养生功效及其科学机理。

　　广西六堡茶是中国侨销黑茶的代表，早在古代，不仅是人们常见的日常饮品，更具极高的药用价值。清朝初期，远赴南洋谋生的两广居民，通过品饮带去的六堡茶来应对由于不适应当地湿热气候而出现肠胃问题。从古代民间采用六堡茶降火清热防暑、明目清心、调理肠胃，到现在利用六堡茶的保健成分强身健体、调节体内脂肪代谢，六堡茶一直扮演着饮料和药物的双重角色。六堡茶与其他黑茶一样，五年入药，十年当宝，年份越久，健康价值越高。如今的六堡茶，承载着厚重的黑茶文化、独特的品质风味、神奇的养生功效，被越来越多的国内外消费者所青睐。

愿六堡茶香飘五湖四海，让全世界爱上中国六堡茶！

2023 年 12 月 1 日

序三

浙江大学教授　王岳飞

　　"茶称瑞草魁",原产自我国的茶是当今世界最健康的饮料之一。中国作为茶的故乡,茶文化历史悠久,博大精深,各类茶品种类繁多,风味品貌别有千秋。

　　广西冠甲天下的青山碧水孕育了中国茶苑的一朵逸丽仙姝——六堡茶。六堡茶有着1500年的历史,具有独特的香型和口感风味,兼具良好的保健功效和品饮价值。

　　作家童团结和曾艳情系六堡,出版了多本六堡茶专著。这本精心编著的《中国六堡茶大全》站位高,立意远。全书图文并茂,史实严谨,通俗简练,全景式展示六堡茶的历史、种植、制作、品鉴、以及茶企、茶人等方面的知识。

　　该书的出版是我国茶界的一件大事,不仅可以让更多人更好地了解六堡茶、认识六堡茶,而且对于培育更多六堡茶品牌、推动六堡茶产业高质量发展,助力广西乡村振兴、经济发展将发挥积极作用。

　　开卷有益,乐以此为序。

2023 年 12 月 10 日

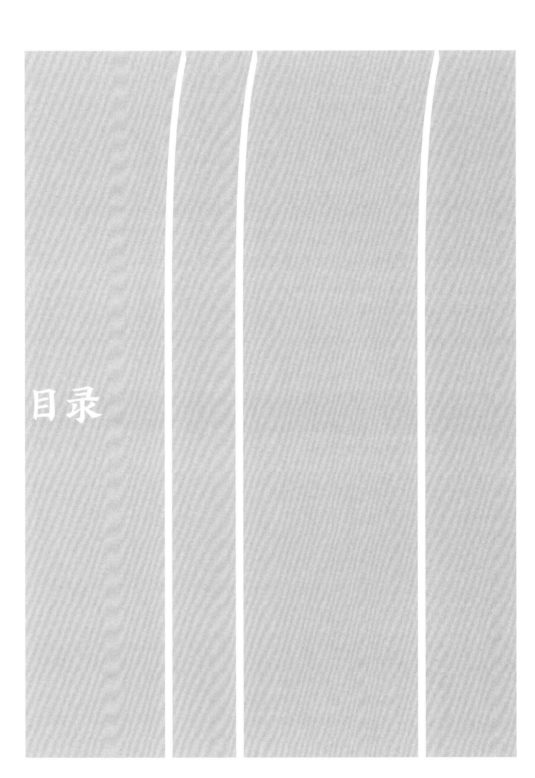

目录

目 录 / Contents

第一章

茶史

■

六堡茶既是中国历史名茶，也是当代名茶。它源起东汉，得名于明，兴于清朝，盛于近代，复兴于新时代。

一、起源

两广地区是中国重要的产茶地。据《茶经》记载："茶者，南方之嘉木也，一尺二尺，乃至数十尺。其巴山峡川有两人合抱者，伐而掇之，其树如瓜芦，叶如栀子，花如白蔷薇，实如栟榈，蒂如丁香，根如胡桃。"据学者考证，这里的"南方"就包括广西。《茶经》中提到的"蒸之"，在宋朝发展成为六堡茶主要的制茶工艺。两广地区的饮茶历史可以追溯到汉代。成书于南北朝时期的《桐君录》记载："南方有瓜芦木，亦似茗，至苦涩，取为屑茶饮，亦可通夜不眠。煮盐人但资此饮，而交、广最重，客来先设，乃加以香芼辈。"文中的"交、广"，指的是当时的交州和广州。交州设立于公元203年，广州设立于公元226年。交州的州治设在苍梧郡广信县，即今梧州市。后交州一分为二，梧州划入广州辖内，原交州治所则迁至交趾（在今越南北部）。这段文字的含义是指南方有瓜芦树，它的叶子有些大，也类似茶，但非常苦涩，制作成末，像茶叶那样饮用，可以让人彻夜无眠，产盐地区的工人经常饮用它。由此表明，早在东汉时期，苍梧一带就盛产茶叶，出产的茶叶除了民间普遍饮用之外，还销至产盐的地区。这则史料，揭开了岭南茶文化历史的面纱，我们从中可以探究六堡茶文化的起源。宋代《太平寰宇记》中记载："春紫笋茶，夏紫笋茶"，北宋诗人郑刚中亦著有《予嗜茶而封州难得有一种如下等修仁殊苦涩而日进两杯》。据考证，当时的封州正是今天的封开县，是六堡茶外销的必经之地。虽说当时六堡茶尚未得名，但史书上均发现有六堡茶的身影。

二、得名

六堡是地名，为今广西梧州市苍梧县六堡镇。明朝时，此地有头堡、二堡，一直到六堡的称呼。保甲制度源于北宋，其时推行"变募兵而行保甲"的制度，主要是为了便于征兵征税，元朝延续了这种制度，到了明清时期这种制度进一步强化。入清以后，苍梧县下设 11 个乡，以西江为界，江南设五个乡，江北设六个乡，其中多贤乡地处江北山区，其下再以堡（寨堡）为单位设置行政管理区域，共计设置了头堡、二堡、三堡，直至六堡的六个行政管理单位，当时的六堡隶属于多贤乡，多贤乡亦因此得名为六堡乡。六堡茶为地名之茶。在苍梧县，各地都产茶，但以六堡所产制出来的茶质量最优，故这个茶产区产的茶叶名叫"六堡茶"。苍梧茶叶行销在外时，茶农也都称自己的茶为六堡茶，于是六堡茶逐渐声名鹊起。数百年过去了，苍梧县很多原有的地名，如多贤乡、五堡、四堡等都随着时光的流逝而湮灭，唯独六堡这个地方因为有好茶而一直留存下来并名扬海内外。

三、兴起

清代是六堡茶工艺成型的重要时期，在六堡茶发展史上具有里程碑的意义。康熙年间，据《苍梧县志》所载："茶产多贤乡六堡，味厚隔宿而不变，茶色香味俱佳。"这句话的意思是指六堡茶茶味醇厚，能够隔宿而且味道不变，说明产制出的六堡茶已经具备黑茶的特性，同时也说明清初时期多贤乡在制茶工艺中已经使用了类似黑茶的制作技艺制出如此经久耐泡的茶。同治年间，重新编修的《苍梧县志》又记载："茶产多贤乡六堡，味厚，隔宿而不变，产长行虾斗埇者名虾斗茶，色香味俱佳，唯稍薄耳。"由此可见，从康熙中期至同治末年的 100 多年间，六堡当地一直坚持与完善原有的制茶工艺，产出的六堡茶不仅形成了茶味醇厚的定型，还产制出虾斗茶这样的个性茶，而且产制出的茶具有独特的槟榔香。1801 年，清政府组织比赛品评各州县贡茶，六堡茶因其独特的槟榔香而被列为优等，跻身全国二十四种

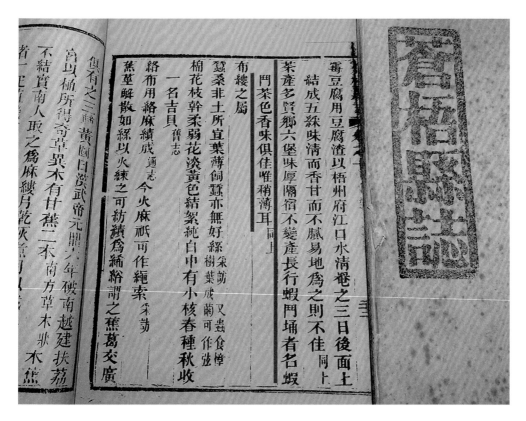

《苍梧县志》中关于六堡茶的历史记载

名茶之列。在康熙三十二年（1693 年）出现的一张手绘的苍梧县地图上，如今六堡镇周边的龙垌（今龙洞）、老二（今老义）、山心、石桥等地都标注得非常清楚，唯独六堡镇所在的区域被标注为"茶亭"。并且同治年间修编的《苍梧县志》所附的苍梧县地图里，其相同的位置也标注有"茶亭岭"。在六堡当地，"茶亭"是一种类似于亭子的建筑物，主要用于茶商和茶农在采茶季节时收购、交易和储存茶叶。以上两图互为印证，可见，清代的六堡镇是闻名遐迩的茶叶产销区域。据《六堡志》记载，当时在六堡镇合口街设立固定茶叶收购点的茶庄有文记、万生、同盛、悦盛、兴盛等 5 家，其他未记录名号的茶庄还有不少。这些茶商的总号相当一部分在广东各地，这足以见证六堡茶在当时生产的盛况。

四、鼎盛

六堡茶又称为"外销茶"或"侨销茶"。外销促进了六堡茶的产业兴旺。清代末期,梧州开始对外通商,直到光绪二十二年(1896年),梧州开始允许外国船进入。当时,由梧州开往广州的船有英国莫渣洋行的龙山同号、龙江号,还有普安公司的咸海号;另有渣甸与天和公司的和贵号开往香港,把六堡茶运出去。光绪二十三年(1897年),梧州成为通商口岸,英国人首先在梧州白鹤山建英国驻梧州领事馆。随后日本、法国、葡萄牙等国也相继在梧州设立领事馆,所以当时有很多外国人在梧州经商,将六堡茶运往国外。六堡茶的鼎盛时期是在清末和民国,当时,南洋在英国、荷兰的殖民统治下,正处于加速开发时期,需要大批的劳动力,很多华人因此漂洋过海 "下南洋"谋生。据统计,自19世纪中期至20世纪初期,"下南洋"的华工有200多万人。以两广、福建、海南籍为主的大量华工进入南洋各地后,主要从事开矿、垦荒、种植、制糖等重体力劳动,他们首先遇到的就是水土不服的问题,这导致他们上吐下泻。然而来自岭南地区的两广人有着饮茶的习惯,很多人都带有六堡茶,他们把六堡茶煮饮之后竟然解决了水土不服的问题。由此可见,溽热的南洋地区迫切需要一种能够解渴、除瘴、消暑祛热的饮料,而具有消暑祛湿、调理肠胃功能且可以长期存放的六堡茶自然就成了首选。因此,六堡茶也成为南洋华人日常必饮的茶。甚至当时的工厂招工还需要在招聘广告上写上"本厂招收工人能有六堡茶喝"这样的招聘条件才能招到工人,如果没有六堡茶喝,是很难招到工人的。这一时期,六堡茶在南洋各地的出口量达到了一个高峰。1951年《中国茶讯》中"除在穗港销售一部分外,其余大部分销南洋怡保及吉隆坡一带。六堡茶多销南洋大埠……它的消费对象大部分为工人阶级,尤其是南洋一带的矿工,酷爱饮用六堡茶"。六堡茶因价廉、滋味醇厚、耐存放、便于长途运输的特性,很快得到了南洋各地消费群体的认可,销售量大增。于是,与"茶马古道"齐名并充满传奇故事的"茶船古道"出现了,使得六堡茶传播从僻远的山区沿着西江到达珠三角、东南亚,甚至日本、北美等地区。每年的产茶季节,在这条"茶船古道"上,六堡镇所产出的大量优质茶叶,通过竹排或小船的运输,路线从六堡镇的合口街

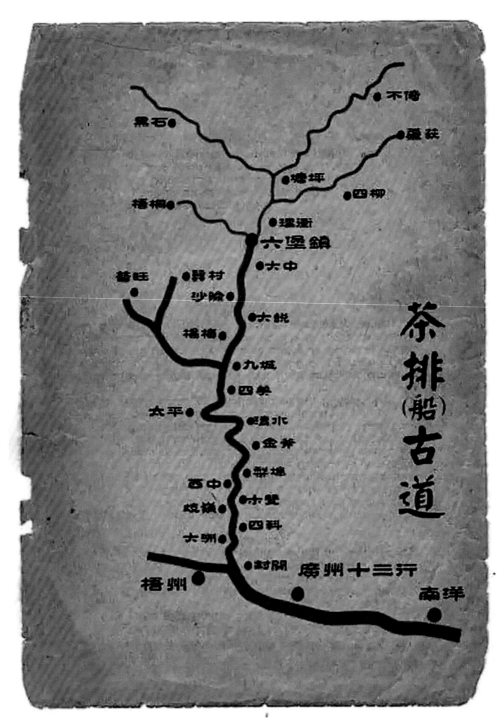

茶船古道示意图　马士成供图

码头，途经梨埠镇码头后再换大木船顺东安江而下进入贺江，经封开江口进入西江，之后由都城装卸到大船中运送到广州，最后再转口到港澳、南洋甚至是世界各地。繁忙的时候，"茶船古道"上可以同时拥有16艘航船航行，可见当年六堡茶运输的盛景。为了便于运输，减少茶叶存放占用的空间，他们把茶叶蒸软踩箩或制成茶饼后，装在竹排或船上运输。茶饼有块状、砖块和金钱状，散茶直接分装入箩，放入"内飞（记录茶叶的信息）"，打上自己或客户指定的"唛号"（商标），销往到中国香港、澳门以及新加坡、怡保、吉隆坡等地。当年，香港经营的六堡茶商号有义安隆、永生隆、致生祥、鸿华茶厂等，怡保、吉隆坡等马来西亚靠锡矿发展的城市经营的六堡茶庄更多，都是销售梧州六堡茶，名气较大的茶庄有广福源、广汇丰、陈春兰、裕生祥、联隆泰、南隆、建源、天利、胜香堂等。当时，广州和港澳地区的茶商多以"四金钱"等商标出售六堡茶，珠江三角洲和南洋地区的茶商常以"陈六堡""不计年"商标的六堡茶来销售，该地区的六堡茶耐泡、味浓，能够消暑解渴，以此来吸引下层劳苦群众。历经百年沧桑的"茶船古道"，风雨无阻地将六堡镇当地的优质茶叶源源不断地运往世界各地，直到1949年后六堡镇的茶依然还会通过"茶船古道"运到广东。"茶船古道"是以茶叶贸易为主要载体的重要文化遗产，是古代海上丝绸之路的重要组成部分，是"一带一路"文化的重要纽带。它记录六堡茶的前世今生，讲述六堡船工的心路历程，传承和发扬六堡的蒸压、陈化、存储等传统工艺，书写六堡茶发展史上重要的一页，对于今天研究六堡茶的历史文化起到非常重要的作用。

清末民初，日本人购买的六堡茶主要从香港进货，也是通过"茶船古道"运输。当时六堡茶风靡日本，深受日本人的喜爱，谱写了一段名扬海外的历史佳话。在日本，当地人不像中国人那样把六堡茶放在茶楼、茶馆里销售，而是把它作为一种保健药品，以"健美瘦身茶"和"油解茶"为名的保健药品在各大药局（药店）出售。六堡茶在日文里写成"六保茶"，据说是因为它有六种神奇的保健功效：一是保命（生命）；二是保康（健康）；三是保寿（长寿）；四是保食（健胃消滞）；五是保瘦（日本人以身材瘦为荣）；六是保颜（美容养颜）。在日本，六堡茶盛销的地区大都是海上的岛屿和半岛，祛湿正是这些地方民众需要的效果。日本人喜欢六堡茶，首先便是因其祛湿、调理肠胃的功效显著。民国前中期，六堡茶仍然保持着良好的出口势头。据记载，当时"在苍梧之最大出品，且为特产者，首推六堡茶。就其六一区而言（五堡、四堡）俱有出茶，但不及六堡之多，每年出口者产额在 60 万斤（1 斤 =500 克，后同）以上，在民国十五六年（1926—1927 年）每担估价 30 元左右"。当时，在国内，尤其是南方地区，茶叶的消费随着饮茶风气渗透到社会各个阶层，同时茶肆的快速发展也刺激了茶叶的消费。虽然如今难以找到当时社会整体茶叶消费总量的准确记录，但是有记载："从 1921—1937 年上半年这段时间，梧州市茶酒楼、食物馆一般都在六七十家……据历史记载，1931 年梧州市就有酒楼、食物馆六十二家……其中粤西楼位于现在小南路……在 1916 年左右开设，直至 1944 年梧州沦陷结束，有近 30 年的历史。该酒楼经营早午夜茶市及筵席酒菜。当时每天饮茶的有 2 000 人次以上，加上筵席，营业总额达七八百元……"[1]。据记载："苍梧茶尚多，尤以六堡乡为最。六堡茶，颇负盛名，其余所产品质亦佳，战前（抗战前）交通便利，所产茶除本县饮用外，全部销售港澳等地……"[2]。茶叶的消费拉动了当地的茶叶收购，带动了六堡茶种植面积的扩大和产量的提升，使得六堡茶产业在抗战爆发前达到了新的高峰。据记载："过去茶叶产最多要算是 1930—1937 年，那时候在六堡街及狮寨街各有十余间茶庄收茶十余万（斤），最少也收六七万（斤）茶，那时茶叶生产最旺盛，茶叶之销路不错，茶价也不低，每斤上茶值米五六斤"[3]。其时"六堡乡占全县面积之半，全县面积 11455 亩（1 亩 =666.7 平方米），年产茶 5450 担……六堡茶当收成时，粤商在合口圩设庄收买，再烹炼制成茶饼，甚为精制，熬而饮之，味与普洱同，年产约 50 万斤"[4]。

五、衰落

抗日战争爆发后，六堡茶长途运输的渠道截断，香港及马来西亚、新加坡等主要

[1] 招荫庭：《梧州市的饮食业》，《梧州史志》，1986 年第 4 期。

[2] 广西农业通讯编委会编修，《广西农业通讯》，1945 年。

[3] 广西省贸易公司苍梧支公司：《苍梧县茶叶产区工作总结》（1952 年 5 月撰），现藏于苍梧县档案馆（档案编号：056–001–0002–003）。

[4] 广西农业通讯编委会编修，《广西农业通讯》，1945 年。

正在洗锡的琉琅女　郭俊邦供图

↑二十世纪八九十年代中茶公司出口日本的产品　容万晓摄

→ 六堡茶在日本市场作为保健饮品出售　容万晓摄

销售六堡茶的地区相继沦陷，六堡茶产销数据一落千丈，进入一个衰落期。据抗战后的资料《广西农业通讯》（1945年）记载："苍梧茶尚多，颇负盛名，其余所产品质亦佳，战前（抗日战争前）交通便利，所产茶除本县饮用外，全部销售港澳等地。自抗战后，交通阻塞，销售范围日益缩小，一般茶农生活无法维持。多弃茶而经营其他，于是茶叶衰落矣"。抗战胜利以后，六堡茶的生产并没有得到完全恢复。由于战争加重了中国人民的灾难，使得人们的生活水平急剧下降，导致对茶叶的需求也大幅度减少，此时的六堡茶行业处于一个较低的发展水平。

六、复兴

1950年后六堡茶进入复兴时期。广西政府对六堡茶产茶区制定相应的产业扶持政策。通过进行茶园改良，推广科学的种植方法，加上全国进行土地改革运动，土地重新回到农民的手里，激发了广大茶农种植茶树的热情，六堡茶的种植面积由此扩大，六堡茶的生产和出口逐步得到恢复。当时广西把全省产茶区域分区命名，在当时《省茶叶改进工作组工作报告》（以下简称《报告》）指出，苍梧"出产茶叶的九、十两个区，旧称五堡及六堡茶。第十区有茶的高涧、塘平、不倚、四柳、梧桐、理冲、六堡七个乡，年产500000斤，该区茶叶出口为552889斤，内（含）贺县五六万斤，1952年9月17日卖出茶叶440270斤，其中茶产最多为塘平79680斤，不倚73612斤，总称六堡茶区。第九区出产茶叶的安乐、万生、富丰、大碑、木皮、民生、合源、富宁、大正、狮寨十个乡，年产371660斤，统称五堡茶区。另合水、外深、武岭三个乡出产茶12000斤，叫长发茶区"。苍梧全县产茶共883660斤。《报告》中也提到，"茶农普遍用肩担运出，六堡茶区现仅合口圩为集中地，第九区的五堡茶，则以狮寨为主要集中地，小部分以长发为集中地，茶农挑茶到圩场需50里路，经收购私商、合作社等踩制运往广州。""合口圩茶叶经踩制后，以三千载重量民船运到梨埠，转用三五万载重船运到都城，往广州。狮寨圩则经五千载重量民船到长发，转大民船沿抚河下至梧州，转船往广州"。梧州茶厂的创建，标志着现代六堡茶加工工艺的诞生。1951年11月，"中国茶业公司中南区公司广东办事处"改为"中国茶业公司中

合口码头　潘绍珊摄

南区公司广州市公司"，并增广西办事处，即为梧州茶叶进出口公司前身，设在梧州。1953 年 1 月 18 日，中国茶叶总公司梧州支公司成立，经营广西茶叶，生产加工工厂设在梧州市角嘴路老虎冲内，至此六堡茶逐步走上规范发展的道路。1954 年以后由中国茶叶总公司梧州支公司代表国家对茶叶进行统购统销，并委托供销合作社收购六堡产区的茶叶，运送到新成立的梧州加工厂。当时，六堡茶收购价为每担（一担 =100 斤）65 元，青茶为 72 元，其时稻谷每担仅售 10 元左右。1955 年 8 月，中国茶业总公司批准梧州支公司生产加工工厂为工业企业单位，名称改为"广西省茶业公司梧州茶厂"，1969 年又改为"广西壮族自治区梧州茶厂"。梧州茶厂不仅是木板干仓、陈化茶窖、六堡茶发酵等新工艺实践的发源地，尤为可贵的是，1955 年梧州茶厂的技术人员从保存茶叶的仓储环境引起茶叶的品质味道变化的现象中受到启发，发明了冷水渥堆发酵制造熟茶的技术，直至 1958 年该技术成熟定型。最为神奇的是这种技术不仅可以快速地把茶叶中的苦涩味去掉，大大地缩短了茶叶的生产周期，而且还可以把与六堡茶成分含量相类似的其他茶叶制作出与六堡茶品质口感一样的茶，这种工艺引起了茶叶界的高度关注，并在广西区域内大力推广。因此广西横县、桂林、贺州、岑溪、灵山、临桂等地也开始生产出六堡茶。当时，在其他地方生产出来的茶叶主要集中在梧州、横县、桂林的三个茶厂生产。1957 年，国家拨出经费在横县重新建设国营横县茶厂。1965 年 6 月，新建桂林茶厂。

梧州茶厂职工　何梅珍供图

七、低谷

　　六堡茶在20世纪50年代的兴盛并没有持续多久。特别是在1958年，搞"三面红旗"使得刚刚复兴的六堡茶生产又走向衰落。三年困难时期，农民为了填饱肚子，开始在茶山上种植木薯等农作物。1960年底，六堡茶的种植生产已是元气大伤。虽然如此，六堡公社和生产队经过建设，都有了茶园，面积2000—3000亩。20世纪60年代初期，六堡公社成立六堡茶厂，既收购鲜叶加工毛茶，又收购毛茶加工精制六堡茶。六堡茶产区成立大队和公社以后，六堡公社的不倚、四柳、高视、梧桐、塘坪、理冲等大队先后成立茶叶初制厂，将大部分茶叶集中在大队茶厂进行加工，后来制茶工艺发展到连炒茶（杀青）也采用了水力辅助的炒茶机，甚至发明出专门的大型烘干炉灶来制茶。

20 世纪 50 年代末，六堡茶的衰落还有一个重要原因就是茶叶的收购价格偏低。最低的时候，茶叶的收购价格一度跌到 18 元一担，过低的收购价格严重地挫伤了茶农种茶制茶的积极性。当时的收购政策侧重于烘青绿茶的收购，并且在价格上给予倾斜，导致大部分茶农不再使用传统后发酵工艺生产六堡茶，生产六堡茶的传统工艺受到巨大冲击。在计划经济下，虽然六堡茶每年保持一定的产销量，但传统工艺没有得到很好的传承，生产出来的六堡茶质量难以保证，渐渐失去原有工艺的特点。这也是导致六堡茶在港澳地区以及出口市场衰落的重要原因之一。总之，导致六堡茶产销停滞的原因，除了当时的政治、经济因素，消费者口味变化的影响，也有其他品种茶（如普洱茶）对市场的冲击等因素。深层次的原因是当时公社化或大队集体茶场、茶厂的茶农缺乏积极性，在茶园护理、传统工艺、质量把控等方面存在一定的短板。除此之外，也有外界因素的影响，20 世纪 70 年代后期，南洋锡矿业逐渐萎缩，导致六堡茶的出口量下降。到 20 世纪 80 年代中期，日本逐渐缩小六堡茶的进口规模，到 20 世纪 80 年代后期，六堡茶在日本的销量越来越不乐观。

六堡公社茶厂采茶场景

八、繁荣

进入 21 世纪，随着人们生活水平的提高和饮食结构的改变，以及对茶文化认知的提高，黑茶因降脂、减肥、暖胃等保健功效而备受青睐，六堡茶以独特的风味和保健功效重新进入人们的视野，六堡茶销售市场出现转机，在中国茶文化中异军突起。特别是近年来，各级政府相继出台茶产业发展政策，大力推进六堡茶行业标准建设，兴起的六堡茶斗茶大赛，推动了六堡茶产业蓬勃发展，使六堡茶成为当下"网红"产品。2014 年，六堡茶制作技艺列入国家级非物质文化遗产名录。2017 年，习近平主席在首届中国茶业博览会的贺信中指出："中国是茶的故乡。茶叶深深融入中国人生活，成为传承中华文化的重要载体。从古代丝绸之路、茶马古道、茶船古道，到今天丝绸之路经济带、21 世纪海上丝绸之路，茶穿越历史、跨越国界，深受世界各国人民喜爱。"这既是对"茶船古道"历史地位的高度肯定，又将六堡茶的重要文化名片"茶船古道"与茶马古道、丝绸之路提到世界的新高度。2019 年 12 月，广西壮族自治区人民政府出台《关于促进广西茶产业高质量发展的若干意见》，提出要努力打造传统品牌"广西六堡茶"，在梧州市、横县、桂林市等适宜区域重点发展六堡茶。从此，六堡茶的发展打破地域观念，第一次以产业化的名义出现在公众的视野。2020 年 12 月 25 日，农业农村部认定广西六堡茶符合农产品地理标志登记条件和相关技术标准要求，准予登记并允许在农产品或农产品包装物上使用农产品地理标志公共标识（登记证书编号为 AGI03233），保护范围为 48 个县（市、区）共 539 个乡、镇。2022 年 10 月 17 日，习近平总书记参加党的二十大广西代表团讨论时指出"茶产业大有前途。下一步，要打出自己的品牌，把茶产业做大做强。"这标志着广西六堡茶进入全新时代。2022 年 11 月 29 日，"广西六堡茶制作技艺"入选联合国教科文组织人类非物质文化遗产代表作名录，这个消息再一次刷遍茶商茶人的朋友圈。近年来，广西六堡茶呈现出产销两旺、量价齐升、高速发展的良好势头。2022 年，梧州市累计新建茶园面积 8.45 万亩，全市现有茶园面积 20.43 万亩，茶园面积首次突破 20 万亩大关，涉茶税首次突破亿元大关，实现税收 1.15 亿元。2023 年六堡茶年产量 3.5 万吨，综合产值约 200 亿元。目前，梧州六堡茶品牌价值 44.03 亿元，居广西茶叶类第一位，首次进入品牌价值全国前 20 位，创造出令人惊叹的奇迹。梧州市通过 SC 认证的茶业企业 126 家，涉茶经营主体 5744 家。

千年六堡之茶，在八桂大地这块神奇的土地上，经过大自然的润泽，实现了由地名之茶、工艺之茶到产业之茶的华丽转身。

半成品
（六堡茶）
第一章
茶叶

■

一、生长环境

中国是茶的故乡，种茶的历史可以追溯到原始社会，而产茶的区域广布祖国大江南北，在北纬18°～38°、东经94°～122°的范围内都有茶树种植。专家普遍认为，最优质的茶叶是产自北回归线两侧的地域。

广西位于北纬20°54′～26°24′，东经104°25′～112°04′，地跨南亚热带和中亚热带，是祖国最南部茶区之一。全区茶材分布较广，从北部的全州到南部的博白，从东部的苍梧到西部的那坡，到处都有茶树种植。这得益于广西优越的自然条件：广西的地理位置、地势、气温、降水量、土壤等自然条件，都适宜茶树生长。广西地势复杂，以山地为主，发展茶区的土地潜力大；广西气候高温多湿，有利于茶树生长发育；广西山地和丘陵地区红、黄壤分布广，且土壤为酸性或微酸性，一些土层比较深厚，有机质含量丰富，这些条件都非常适宜茶树的生长。

晨中烟雨六堡镇

六堡茶是一种后发酵黑茶，是广西传统的茶类，原产于广西苍梧县多贤乡六堡村，六堡镇是六堡茶的发源地和核心产茶区。在六堡镇，习惯按村落来划分茶区，在历史上，六堡茶的核心产茶区有塘平、不倚、四柳、理冲、山坪、梧峒、高视、大宁等茶区。六堡镇周边，狮寨、贺州、蒙山、昭平等地也有少量分布。目前六堡茶茶叶种植区已延伸发展到广西横县、昭平、岑溪、藤县、灵山、临桂、灌阳等20多个县（市、区）。

康熙年间，据《苍梧县志》所载"茶产醇厚而且能够隔宿而不变，茶色香味俱佳"。同治年间，重新编修的《苍梧县志》又记载"茶产多贤乡六堡，味厚，隔宿而不变，产长行虾斗埇者名虾斗茶，色香味俱佳，唯稍薄耳"。这些都是早期记录六堡茶的重要文献资料。

二、茶树品种

原种六堡茶是小叶种，叶片小，有的经过几百年的生长，已演变为中叶种，在植物分类上属山茶科山茶属。灌木型中小叶种的原种六堡茶自然生长三四年可采摘，其树势开展，分枝密，节间距3.6厘米，树幅高80厘米左右，芽嫩且呈淡绿色，有小部分呈紫色或红色，无白毫或微量白毫，发芽密度每平方米约300个，发芽持续时间长，3月中旬至10月中旬为快速萌芽期。每年霜降后发芽量明显减少，但此后至冬至期间六堡茶树发的芽长得粗壮，浸出物丰富，成品手感重，色微黄，口感滋味绵长，香高味醇，别具特色。原种六堡茶叶片形状有圆形、卵形、椭圆形、尖长形等多种，以椭圆形为主，一般叶面平滑或微隆，叶缘微波，叶缘锯齿粗、深而稀，叶端纯尖，侧脉6—9对。经测试，春茶鲜叶含水浸出物含量为42.65%，茶多酚含量为32.4%，氨基酸含量为3%，咖啡因含量为4.4%，儿茶素含量为14.4%。大约每年10月下旬，茶花盛开，同时上一年的果实开始成熟。六堡茶花花冠直径约3.9厘米，白色或微黄白色，花瓣6—7片，芳香扑鼻。茶农喜欢采摘花蕾晒干制成花茶，泡出的茶，茶汤金黄透亮，口感甜中带蜜香。

六堡紫芽茶　潘绍珊摄

六堡茶果　六堡镇政府供图

三、加工工艺

六堡茶的制作工艺，分为传统制作工艺和现代加工工艺。六堡茶的传统制作工艺是国家级非物质文化遗产，是六堡人祖祖辈辈传下来的。

1. 传统制作工艺

（1）采青。要想做出好茶，其采茶的季节、时间、方法都是非常讲究的。只有新长出的嫩芽才可以用来做茶，新芽生长一段时间以后就会变粗，因此，茶树必须定期采摘。茶叶的采摘标准是一芽二叶，也有一芽三叶甚至四叶、五叶的。以前的贡茶采摘更为严格，只采摘一芽一叶，或刚长出的新芽。茶叶的采摘需非常小心，以免破损。破损后的茶叶会使茶叶细胞受损，导致细胞释放出酶从而引起茶叶发酵使茶叶变成棕色。采摘后的茶叶不能受挤压，不能堆得太高，当天采摘的鲜叶不能过夜，必须在当天全部处理完。

（2）杀青。六堡茶的鲜叶采摘后要用大铁锅进行翻炒，这道工序叫"杀青"。在六堡农家，做茶人的家里常常备有几口专门用来杀青的大铁锅。杀青的目的在于蒸发掉鲜叶中的水分，使茶叶蜕变颜色。六堡茶的杀青要在高温下进行，通常是把铁锅加热到160℃左右，再把新鲜的茶叶放入锅中进行不停地翻炒。炒茶的温度需要靠手来感觉，当炒茶的温度上升到烫手的时候，就得改用木制的小树权来进行翻炒。杀青的步骤非常关键，翻炒时间应控制在5—6分钟，炒至叶质柔软、茶梗折而不断，叶色转为暗绿，散发出茶香即可。

（3）初揉。杀青后要对茶叶进行揉捻。揉捻以整形为主，通过揉捻使茶叶达到索条紧结、耐泡、体积缩小、茶汤更清香的要求。传统的揉捻用手工进行，揉捻的方法很讲究，要用掌心的力量先轻揉后重捻，好的茶叶要反复揉捻5—6遍，手势和力度都要靠茶人的经验来掌握。如果用木制磨盘或者专用揉捻机进行揉捻就更加简单，揉捻出来的茶叶条索紧结、耐泡，破损率可以控制在60%以上。揉捻时间也颇为讲究，

采青　杀青

初揉　堆闷

复揉　烘焙

六堡茶传统制作工艺流程图　黄敬佳绘

一、二级茶青揉 40 分钟左右，三级以下茶青揉 45—50 分钟。

（4）推闷。揉捻之后，将揉捻好的茶叶放进竹篓筐里进行堆闷发酵，这是决定六堡茶色香味的关键。堆闷的茶叶高度视气温、湿度、叶质老嫩而定，一般控制在 30—50 厘米。在堆闷过程中翻堆 1—2 次，并把边上的茶叶翻入堆中，促使其发酵均匀。堆闷的最佳温度在 40℃左右，最高不能超过 50℃。如果温度太高，就要立即进行翻堆，否则就会烧堆，造成茶叶变黑，滋味淡薄的后果。凡是遇到雨天、气温低，或者叶质较老的时候，堆闷时间要略长；反之，则时间短。正常情况下，一般堆闷的时间为 10—15 小时。

（5）复揉。茶坯经过堆闷后，一部分水分散失，原来揉捻好的条索变得松散，茶坯干湿不匀、发酵程度不一，需进行复揉，使条索紧细、茶叶干湿一致。复揉方法为轻压慢揉，时间为 5—6 分钟，直到达到条索紧结为止。

（6）烘焙。堆闷后的六堡茶还要在烘炉中用松柴明火烘焙进行干燥。烘焙分两次进行，第一次打毛火，焙筛烘温为 80—90℃，摊放时间为 20—30 分钟，至五成干时，逐步降低火力，烘至六七成干时下焙，再进行摊晾。第二次打足火，上焙用低温进行慢烘，焙筛烘温为 50—60℃，干燥程度以手折茶梗即断、叶片一捏即碎、握茶有声响为标准。烘焙的柴火也有讲究，不能是有异味的干柴或湿柴，否则会造成异味或烟味重，影响茶叶的口感和品质。

六堡茶传统制作工艺每道工序要层层把关，才能保证六堡茶的外形紧实与原汁原味。

2. 现代加工工艺

六堡茶的现代加工工艺，又叫精制加工工艺，也称双蒸双压发酵法，市场上也叫熟茶或厂茶，以广西区内的大叶种、桂青种和六堡群体种为原料，由企业生产，经过筛分、拣剔、拼配、初蒸渥堆、复蒸包装、晾置陈化等一系列精加工工序而制成。

六堡茶通过筛分、拣剔，使毛茶成为待拼配的筛号茶。分级拼堆，是根据各筛号茶的品质进行拼合，并按比例配成各级规格一致的半成品。

　　初蒸渥堆，是将拼配好的半成品，视干度情况加水输送至蒸茶机内，通过锅炉蒸汽进行汽蒸。茶叶出蒸后略加摊晾，再进行渥堆。渥堆时要密闭窗门，中间翻堆一次，以汤色转红为宜。渥堆叶温控制在40℃左右，不超过50℃为妥，相对湿度须在85%—90%。

　　初蒸渥堆后的半成品，要进行复蒸包装。复蒸时，汽要透顶，蒸后须摊晾、散热，待叶温降至80℃以下时，用机器压实，边紧中松，每篓分三层装压，加盖缝合，即为成品茶。加工后的成品茶，温度高、水分多，需要进行晾置陈化。

　　先把茶叶放置在冷凉通风的地方6—7天，然后进仓堆放。成品茶在最初入库时要做到窗门密闭，室内相对湿度80%左右，密闭两个月后再打开门窗，使空气流通，以降低茶叶含水量，确保茶叶品质稳定。

　　六堡茶的现代工艺主要采用冷水直接渥堆发酵的工艺，将分级拼配好的半成品茶叶倒堆，根据不同等级的茶叶和不同的含水量（含水量不能超过30%，堆高80—100厘米），分层添加干净的冷水，翻拌均匀，当堆温达到40—60℃就要翻堆散热，一般不能超过60℃，整个冷发酵时间为1—2个月左右。随后，将茶叶装包移到阴凉的地方晾置陈化，一段时间后再根据茶叶陈化后变化的程度拿到蒸茶机蒸压，蒸压结束后把茶叶装入竹筐继续陈化，或者加工成紧压茶再陈化。这种制程制出的茶叶经过半年到一年的陈化就可以具有六堡茶的口感特点。

　　六堡茶在加工、陈化的过程中，当环境温度、湿度、茶叶含水量和松紧度适宜的时候，它表面产生益生菌的同时会形成金黄色的闭囊壳，因此我们称这种益生菌为六堡茶的"金花"。当"金花"成长到一定阶段的时候，就会结出孢子囊。孢子囊先是呈现白色，再进一步变成金色。当"金花"离开适宜的生长环境，如水分减少、相对湿度降低时，就会缓慢停止生长，"金花"的孢子囊会慢慢风干、收缩变小，颜色也由金黄色变为白色，乃至灰白色，呈休眠状态。即使在干燥的环境下，"金花"的孢子囊也可长期休眠，甚至达数十年之久。当"金花"遇到适宜的温度和湿度的条件时，又会重焕生机。

　　"金花"学名为冠突散囊菌，属于散囊目发菌种散囊菌属的一种真菌。微生物酶学研究认为，金花菌具有广泛的泌酶特性，黑茶发花过程中存在多种酶类，如多酚氧化酶、纤维素酶、果胶酶，且这三种酶的活性在黑茶发花时呈从无到有，由弱到强，又由强到弱的规律性变化，这些具有生物催化剂作用的酶类主要来自冠突散囊菌的分泌物。

六堡茶的独特品质得益于"金花"。由微生物分泌出来的多酚氧化酶会使茶多酚中的儿茶素成分大幅度发生酶促氧化，分别转化形成黄色的茶黄素和红色的茶红素，其在发花过程中含量明显增加，使茶黄素、茶红素氧化聚合形成深褐色的茶褐素在后期大量增加，使六堡茶红浓的汤色快速形成，且纤维素、果胶、蛋白质等大量水解也增加了茶汤的滋味。在六堡茶陈化阶段，"金花"分泌出淀粉酶和氧化酶，可以催化茶叶中的淀粉转化为单糖，催化多酚类化合物质氧化，使茶汤颜色红浓明亮，在口感上更加醇厚柔和，甜滑回甘，无青涩味。

四、分级分类

旧时，六堡茶按等级主要分为细茶、元度（亦作原度）、粗茶、行（行茶）四个等级。到了现代，制作的六堡茶主要可分为茶谷、中茶、老茶婆、二白茶四类。

茶谷，指茶芽。常见的有社前茶，也有明前茶、雨前茶（清明茶）、春茶、秋茶、霜降茶、冬茶等，都可采制作为茶谷原料，多为一芽二叶或一芽三叶，少量一芽四叶。

中茶，多指春末、夏天、秋初时采制的中等嫩度的茶，原料多为一芽三叶、一芽四叶。

老茶婆，是指在秋季霜降前后，茶农把老茶树的叶片采摘下来后，用铁锅煮沸水对其进行烫水杀青（也有的采用蒸气杀青的方法），阴干后，晾挂在灶头或阁楼上而制作的茶，俗称"老茶婆"，是茶农存放自留饮用的一种颇具特殊风味的老茶。

二白茶，是指茶农采摘清明茶后，整个春季、夏季、秋季，除了采摘过几趟茶谷外，待茶芽长高时才有空采摘一次，采摘时将芽、中叶、粗老叶一起采摘，做出的茶是粗叶、中叶、茶芽混在一起，看起来"有黑有白"，故称作为"二白茶"。

按采摘的时令，六堡茶可分为：社前茶、明前茶、雨前茶（清明茶）、春茶（雨后茶、春尾茶）、夏茶、秋茶、霜降茶、冬茶等。

"金花"六堡茶　广西梧州天俸茶业有限公司茶样　陈开生供图

古时，春耕前祭祀土神，以祈丰收，称之为春社。在周朝时采用甲日，但各诸侯国也不尽相同。自宋代起，确立以立春后第五个戊日为社日，沿用至今。在梧州，如藤县、苍梧县等地，至今还保留有春社的节日。六堡茶原产的地方群体种属早芽品种，且六堡地处桂东，气候温暖比较湿润。在一般的年份，春社前便已经有一两轮茶叶的采摘期，有的年份雨水和气温适宜，甚至可以达到三四轮的采摘期。当地六堡茶农把这个时段所产的茶称为社前茶。社前茶是六堡茶中很有特色的一个品种，备受茶人及消费者的喜爱。

明前茶，是指清明节气以前开采的茶叶。明前茶芽头饱满、滋味香气鲜爽，营养物质丰富，口感佳。

雨前茶，是指从清明节以后到谷雨之前这段时间采摘的茶叶。

春茶，是指从春季二、三月开始，到立夏之前采摘的茶叶。春茶经过冬天的洗礼，积累丰富的营养物质，氨基酸含量和茶多酚以及芳香物质含量相对比较均衡。春茶的茶汤呈杏黄色，滋味清爽，甜润，回甘生津，有浓郁持久的花蜜香，韵味悠长。

夏茶，顾名思义是指夏季采摘的茶叶。由于采制时正逢炎热季节，茶树新梢生长迅速，很容易老化，有"茶到立夏一夜粗"的说法，因此，夏茶采摘要及时。夏季气温高，日照强度大，有利于茶树碳化代谢进行，糖化合物的形成和转化较多，茶多酚含量高，花青素、咖啡因含量增加。夏茶茶汤略浅，滋味较涩，口感略薄，但汤感顺滑，口舌生津，有淡淡的清香。

秋茶，是指在8月份采摘的茶叶。这时，天气逐渐转冷，昼夜温差增大，茶叶生长周期变长，体内物质积累增加，茶叶香气提升，制出的茶汤，是明亮的黄色，甜滑，鲜爽，生津快。

霜降茶，为霜降前后十天所采制的茶叶。在这段时间里，六堡茶区的山区秋季气候特征显著，此时的六堡茶会具有一种特殊的"霜降香"。

冬茶，是指在秋茶采完后，采摘下来的气候逐渐转冷后生长的茶叶。冬茶因新梢芽生长缓慢，体内物质多，因此其滋味醇厚，香气浓烈。冬茶汤色浅，滋味清甜，汤感绵柔，微微涩，但生津好，香气略浓郁，蜜香中带甜香。

还有一些其他另类茶品，能用茶花蕾、茶花、茶果、茶果壳，甚至茶虫屎（茶宝）

来做茶。例如六堡虫屎茶，因其形状像龙珠，又叫"龙珠茶"。年份久远的茶叶，叶质营养丰富，苦涩味小，带有甜蜜的味道，引来化香夜蛾织网产卵，成蛆后的幼虫撕咬茶叶拉出的粪便挂在网状的茶叶残枝上，像珠子一样，形成了虫屎茶。虫屎茶稀少珍贵，有"茶宝"的说法。

另外，还可以以工艺不同对六堡茶进行分类，如单蒸茶、双蒸茶、古法六堡茶等。

按照国家质检总局（现为国家市场监督管理总局）2011年《关于批准对六堡清茶实施地理标志产品保护的公告》的附件《六堡茶质量技术要求》的分级标准，现代工艺六堡茶的分级分为特级、一级、二级、三级、四级、五级、六级，每个等级都有严格的评定标准。其茶汤基本评价标准遵循"红、浓、醇、陈"的特点。感官特色为外形条索紧结，色泽黑褐，有光泽，汤色红浓明亮，香气纯陈，滋味浓醇甘爽，显槟榔香味，叶底红褐或黑褐色。

各个六堡茶厂家生产的六堡茶，除紧压形态的散茶，还有饼茶、砖茶和沱茶等。

六堡四方形砖　黄健明供图

第二章

茶习俗

茶习俗，是以茶事活动为中心贯穿于人们生活当中的，是人们文化生活的一部分，是我国民间风俗的一种，是中华民族传统文化的积淀。它内容丰富，各呈风采，在传统的基础上不断演变。六堡茶作为中国名茶载入茶文化史册，有着许多鲜为人知的民间传奇故事和民间风俗，不断推动着中国茶文化的发展。

一、新春煮茶祭茶事

在茶乡，茶是种茶人家的头等大事。六堡人的过年礼节习俗很多都和茶有关。每当一元复始，家家户户必定在年夜守岁至子时汲水煮茶。大年初一，天一亮，茶人们便在天井设桌，摆上香、茶、酒，然后敬拜天地。一般是男主人作揖、女主人行礼，口念吉祥之语。礼毕之后，方可开展一天的劳作。讲究的人家会在天亮起床之后，将昨晚子时汲取好的水倒入一个专用的瓦壶中煮茶祭祀。这个专用敬茶神的瓦壶的柄和壶嘴均在同一侧。然后，再拿出传统手工做的社前茶，用新年的水稍冲洗一遍，就开始生火煮新年茶。茶乡拜神都有讲究，需用去年的好茶来煮茶敬茶神，这样茶神才会保佑茶乡今年风调雨顺，乡民们能制出好茶。他们事先在收拾干净的供案上摆上水果、茶等物品，也有的用三叉架子盛放，称作"向天虎"。祭拜茶神不能用鸡肉、鱼肉等有荤腥的贡品。煮好茶后，浓浓的茶香溢满屋子。这时，先上头炷香，敬上香茶并拜过茶神，祈望茶神赐予好年份、好收成，并且当年做出好茶，也能卖出好价。接着，还要另煮一壶茶，挑上贡品担子，带上专门的杯子和煮好的茶到祠堂去祭拜，这种活动叫作"下茶"。"下茶"是六堡茶乡特有的风俗。他们把茶及供品挑到祠堂，整齐摆上供品，奉上香茶，祭拜祖宗。随后，茶和杯子要留在祠堂里给祖宗。祭拜祖宗用的杯子，每户人家一套，很好辨认。到正月初一傍晚的时候，还要"收茶"，即把杯子取回来。据说，这时候假如发现杯中的茶水少了，寓意着祖宗认可你的茶，你今年的茶会有好收成，能卖个好价钱；假如杯子没有动过的痕迹，则意味着今年年景正常；假如发现杯子倒了，或者杯子烂了导致洒了茶，则今年做茶、制茶就要格外小心了。之后，还要挑着供品去祭拜社公、庙堂、"三圣"，这当然也少不了带上好茶。如此，清晨"下茶"，傍晚"收茶"的习俗，要一直延续到正月初四，也有的人家延续到正月初七。正月初七称"人日"，这一天当地是不可出远门的，已回娘家的妇女要赶回夫家。而正月初二是常规的开年日，须以好茶、好酒祭拜祖宗，再吃开年饭，饭后妇女开始回娘家探亲，其他活动则正式开始，有麒麟舞、鹿儿戏、舞狮子等表演，还有特色的采茶调、采茶歌对唱，并且活动会一直持续到元宵节。

二、补天祈福茶和稻

据《六堡志》记载，农历正月二十这天是六堡民间的"补天节"，又称"天穿日"，也叫"娲婆节"。传说，古时候天边裂开一个洞，天鸟从洞里飞出来，啄食庄稼和茶芽。如果不补好这个洞，当年的茶和稻谷的收成将会受影响。于是，这天天微亮，妇女会手持针线，摆上糍汤（水圆汤，一种类似于汤圆的食品）来供神，她们在禾坪楼、晒谷棚、磨茶等地方祈福；也有人用红线绑好糍粑或水圆，把它抛上屋顶，以此来祈望茶、稻及其他作物收成好。

三、"土地诞"节不谈茶

农历二月初二，在六堡民间称"土地诞"，又称"催春节"，民谚有"二月二、龙抬头"的说法。这一天的活动是祭祀村头路边的社公（旧时称"护土神"、"土地公"或"社神"），以祈求今年风调雨顺。历史上，"春社"也叫"民社"，区别于"官社"。六堡乡民最看重的是土地，他们认为土地能发万物，蕴藏着无穷的力量，所以他们对土地的尊崇就像对待神一样，充满着敬畏。据《六堡志》记载，从前每年农历二月初二"土地诞"，六堡人都过得很神秘，白天杀好鸡，晚上天一黑就关上家门，全家人不坐凳，静悄悄地蹲着吃饭，像在偷吃一样，因为据说土地爷在饱餐一顿之后就要飞升上天庭了。第二天开始春神当值，春风来了，春水起了，新的茶芽吸足水分就萌发了。旧时茶农们都要赶在社日之前把那些被土地神呵护了整个冬季的茶芽采摘回来，这些茶芽被称作"社前茶"。茶农们早早采制好社前茶，一是为了在社日为土地爷敬献茶礼，好让土地爷在升天的时候把社前茶带上天庭进贡给王母娘娘；二是坚信这些受过土地爷看护的茶叶有着特别的药用功效，但凡小儿惊风、头疼发烧、呕吐肚痛、风痰咳嗽，均可茶到病除。因此，家家户户每年都采摘收藏一些社前茶，陈放备用，当地俗称为"睇门口"。据说这种用来"睇门口"的社前茶，各村都有不同的制作和应用的方法，以强化不同的药效。乡民普遍认为越陈的社前茶祛风治病的功效越强，有的是储藏包裹在柚子皮或橘子皮里，认为可以增强化痰止咳的疗效；还有的专门把陈年社前茶中的虫屎筛选出来做茶喝，作为祛风及治疗胃病的灵丹妙药。最为奇特的是不倚茶区的"蜈蚣茶"。茶农把社前茶装在瓦罐或者玻璃瓶中，然后捕捉一些蜈蚣放进去，密封瓶口，据说10多年之后，蜈蚣就会被茶叶化解吸收殆尽，罐子里只剩下茶叶。这样制出的茶叶对祛风解毒极具神效。不过，随着时代的进步外来文化的影响，这个"催春节"慢慢地被六堡人所遗忘，当地很多人甚至都不知道有这样的习俗。

四、春社之日"开茶节"

社日，是古代农民祭祀土地神的节日。自宋代起，以立春后的第五个戊日为春社日。"春社"作为一个春季祭祀土地神的日子，在六堡当地很受重视。在这一天乡民举行开茶节活动，包括敬茶神、游茶山、长桌宴、春茶宴等。六堡当地至今还保留有"太公分猪肉"的传统做法。春社日里，六堡同宗同族的乡民聚集在祠堂内，按各自族里的定例摆上丰盛的祭品供奉社神，有社酒、社肉、社饭、社面、社糕、社粥等。乡民

→ 春社之日"开茶节"（上）
→ 太公分猪肉 潘绍珊摄（中）
→ 长桌宴 潘绍珊摄（下）

逐一拜祭祖先，祈求社神赐福，望能五谷丰登，茶事顺畅。祭过社神的猪肉被平分给族人，称为"社肉"或"福肉"。民间有"太公分猪肉——人人有份"的说法。谁能够分到社肉，就会被认为是受到神的恩赐。乡民把社肉拿回家后再以当年的社前茶敬奉，当晚全家共同分享，让全家老少都能享受到社神的惠泽。"春社"是六堡茶乡非常热闹而又隆重的节日，从前村中还有赛会、饮酒、斗唱采茶调等风俗。唐代诗人张演《社日》诗说"桑柘影斜春社散，家家扶得醉人归"。

过去，广东茶商来六堡街开设茶庄收茶，在每年春社之日，茶庄老板祭过茶神后，便开秤收茶。六堡茶种植历来比较分散，旧时茶农多是挑茶到合口街卖，往往要走上三四个小时，再换些粮食及日杂用品回家。茶农挑茶用的是专门的竹编茶担，也有些是用布袋装茶。茶担是用竹篾编成的圆柱状容器，网眼较密。茶农在用茶担装茶时，一般是先将茶压进去一半，然后将扁担的两端分别伸入茶担内，再继续将茶压进去直至装满。一担茶重 50 公斤左右。以前，六堡河水位高、水量大，可以通行竹排、小艇，甚至大一点的船。在春夏丰水期，水面平静，竹排在六堡河上来来往往，热闹非凡，一部分茶通过这种运输方式运到合口街茶庄。

五、立夏新茶供茶神

立夏节，一般是农历四月初八。在六堡民间，有"四月八、大涝发"的俗语，意思是立夏时节雨季已经来临，春茶采制进入一个黄金时段。立夏当日，在六堡茶乡家家户户都要杀鸡拜谢神灵，奉上当年的社前茶，祈求风调雨顺。当天，还有吃黑米饭的风俗。据说，吃了黑米饭，喝了社前茶，可强身健体，祛病祛湿。

六、分龙节是清闲日

分龙节，是夏至后的第一个辰日，"辰"即龙，故称"分龙节"。根据六堡当地民俗，这一天不准拿锄头、斧头，也不准上山采茶或者砍柴，连到菜园挖菜都是不允许的。据当地老人说，这一天不干农活，是农家一年中最清闲的日子。人们四处串门，大家聚在一起，喝茶、喝酒、聊天说笑。每年这一天，圩镇上人来人往，即使不是圩日，也是人流如织，因为这一天是不进行任何祭祀活动的。

七、中秋祭拜"茶箩娘"

每年的农历八月十五是中国传统的中秋佳节，六堡茶乡家家户户都要设酒奉茶，拜神祈福。供品除了好茶、好酒，还有芋头、月饼、柚子等。六堡茶乡的中秋节拜"茶箩娘"的习俗，是当地一种独具特色的祈福形式。"茶箩娘"是六堡茶乡民间传说中的茶神，专司茶叶的年景及收成，还能预知祸福并会给人提示以趋吉避凶。中秋皓月当空，拜"茶箩娘"成为六堡茶乡过中秋节的重头戏。茶箩是六堡茶乡人们用来装茶叶的一种圆形有盖的大竹篮，一般直径约60厘米，高50厘米，大型的茶箩有近1米高。

据六堡当地人说，从前的做法是向"茶箩娘"敬上社前好茶，供上果品，并祷祝茶事顺利，少遭虫害，交易畅旺。拜"茶箩娘"按旧俗是不供荤腥（鸡鸭鱼肉）的。祭拜当天，选出当地两个未婚的青年，男女均可（坊间所传需"童男童女"，但现代多是男女青年各一人），两人双手扶稳箩的底沿，箩口朝上并把茶箩抬离地面。离地若干时间后，茶箩会发生摇摆及晃动，并出现一些变化，有时候摇晃甚为剧烈。村里德高望重的长者会根据祈福内容，以及茶箩给予的启示，引导大家应怎样种茶、制茶，才能把茶卖出个好价钱。

茶箩

八、女儿出嫁"陪嫁茶"

在梧州市苍梧县，哪户人家的女儿要出嫁了，就会把六堡茶作为嫁妆，这是必不可少的。所以，在当地也有把六堡茶称为"陪嫁茶"的风俗。听当地人说，把六堡茶作为"陪嫁茶"是为了表示这家的女儿知书达礼、贤良淑德，嫁过去会懂得待人接物，如端茶送水、侍奉丈夫、孝顺父母等。同时，"陪嫁茶"也见证了女儿出嫁的大婚之喜，非常有意义。人们习惯将"陪嫁茶"收藏起来作为以后的一种见证和纪念。

陪嫁茶　梁家耀供图

九、新娘进门"认亲茶"

茶叶和槟榔是定情的信物。在六堡茶乡，男方送给女方的信物叫作"下茶"或"茶礼"。女方吃了男方的茶，就表示同意定亲，因为中国自古就有"一女不吃两家茶"的传统。中国古典文学四大名著之一的《红楼梦》第二十五回对此就有描述。王熙凤在怡红院碰见林黛玉，就问起她是否品尝了日前赠送的罗国茶。林黛玉听了笑道："你们听听。这是吃了他们家一点子茶叶，就使唤起人了。"凤姐笑道："你既然吃了我家的茶，怎么还不给我们家做媳妇？"

到举行婚礼时，茶和槟榔更是不可缺少的迎客佳品。六堡新娘出嫁的那天，全身穿黑色衣服，撑的雨伞也是黑色的。由于六堡的岔河很多，以前没有桥，过河时新郎要把新娘背着，有富贵吉祥的寓意。新娘到男方家时，则由一妇人挽着新娘走出花轿并引入新房，不需参加男方家祭拜天地祖先的活动。第二天早晨，新娘要给家人及亲友敬"认亲茶"，按照由亲而疏、由尊而卑、由长而少的顺序进行。受茶的人都要给新娘"利是"（即红包），寓意大吉大利。宴请宾客时，新娘要给登门贺喜的亲朋敬茶献槟榔，以表谢意和祝福。

十、孩子满月茶作礼

每当五堡、六堡各村有人生小孩时，亲戚们总要送鸡、送小孩穿的衣服过来，乡民谓之"送劏（杀）"，意思是特意送鸡给产妇补身子。来的亲戚们当中总是以女性居多，姑嫂姐妹成群结队，所以这种场合往往也是本村男青年结识外村女孩子的好机会。黄昏之后，男子们便以分享鸡汤为由，聚拥前来唱歌祝贺。他们所唱的歌叫作"唱鸡歌"。"唱鸡歌"一般有三个阶段。

第一阶段是进村。歌唱的多是赞美本村风土人情好等内容。

第二阶段是进门。进门是不容易的，男子们要唱到女宾们觉得满意，出来迎接了才能进门。在茶乡，茶叶和槟榔都是美好和友谊的象征。成书于晋代的《南方草木状》

中说槟榔："广交人凡贵胜旅客，必先呈此果。"进得家门，男子女宾们首先互奉茶叶、槟榔。完成见面礼后，男子们开始为主人家唱赞歌，先赞初生儿健康聪明，再赞主家华堂挂钩，喜气盈门。欢宴过后，开始进入男女对唱的正题，对唱的内容很宽泛，包括天文地理、历史故事等。双方通过对唱观察对方的才华和反应能力等，一直对唱到天亮。

第三阶段是送行。先由女宾们唱歌送男子们出门，然后又互相对唱，唱的多是关于生产生活的现实话题，也有意犹未尽的继续唱些情歌的。这样边走边唱，送出村口，然后结束收场。有人用《竹枝词》描绘了六堡"唱鸡歌"的场面："听歌女子约同群，齐集歌台作客宾。女看男来男看女，全堂多是少年人。歌师歌弟与歌姨，唱到明清秦汉时，夜静更深情渐浓，灯花人面相映红。终宵直唱到天明，唱到天明又送行。心里情歌唱不尽，依依难舍别离情。"

十一、大马矿工"保命茶"

大约 100 年前，六堡茶就已成为在南洋的中国人化解乡愁的信物。特别是在锡矿区，它还是矿工和矿老板祛暑保健的必备饮料。马来西亚气候炎热湿润，锡矿里的工人经常头顶烈日干活，由于膝盖以下长期浸泡在水里，中暑、风湿、发瘴气等疾病时有发生。工人们发现常喝从家乡带来的六堡茶的人很少得这些病，因此六堡茶在矿区流行。20 世纪 70 年代，锡矿行业衰败，大量六堡茶被封存起来，被遗忘于时代与岁月，直到普洱老茶的品饮之风兴起，价格逐年升高，历史悠久的六堡茶才再一次被世人所关注。在马来西亚，当地华人深知六堡茶的独特药疗功效，并且当地的中药店也有收藏六堡茶作为药材。以前，马来西亚的华人家庭都会在桌子上都放有一个箩筐，里面有一壶茶、一壶水，小孩子渴了就去喝，每一个家里都是这样的做法，不同的是茶叶的种类。在马来西亚，从家里喝的茶就能看出这家人的籍贯，福建人和潮州人一般常喝铁观音茶，两广人一般喝六堡茶。

十二、六堡采茶歌舞兴

采茶戏、采茶歌、采茶舞是六堡茶乡广为流行的一种独特的茶乡民间特色歌舞形式。

梧州市苍梧县自古就是茶叶产地，采茶戏在这里有着深厚的历史文化内涵和广阔的艺术交流空间。经过民间艺人数百年的传承打造，采茶戏已逐步形成自己的特点，其音乐风格逐渐精炼为一种极其便于群众接受和传唱的形式。短短几句的起承转合，相同的乐曲，通过不同的唱速，就可以巧妙地传达出喜怒哀乐。采茶戏以易记易学的曲调，诙谐逗趣的本地口语，台上演台下和的情景伴随着演出整个过程。采茶戏以最接近平民百姓生活的情景，以最朴素简单而又通俗生动的艺术表现形式，向广大群众传播传统的社会家庭伦理观念，寓教于戏，是劳动人民喜闻乐见的一种艺术形式。

采茶歌也是六堡茶乡广为流传的一种艺术形式。在这里，瑶族有瑶族的采茶歌，汉族有汉族的歌。瑶族采茶歌主要流传于山坪茶区及狮寨大昌茶区，用瑶语传唱，一般为多人无伴奏清唱或男女对唱的形式，曲调虽不复杂但和声婉转优美。汉族采茶歌主要集中在苍梧县与贺州市交界的小水茶区一带，那里的采茶姑娘特别美丽，天生一副唱歌的好嗓子，很多人甚至以歌代言，出口成歌。千百年来，那里的女子都被誉为人美歌甜的"小水花"。

采茶舞有茶公、茶娘角色之分，一般为茶公主唱，在歌唱时，茶娘在一旁伴舞。旧时，茶娘的角色也由男子反串，后来才逐渐由女子扮演。地道的茶乡采茶舞还会融入有关于茶的一些情景，如开垦荒地、点种茶籽、培育茶根、采摘茶芽、制茶炒茶、斟茶卖茶等，极具生活气息。新春之时的采茶舞还会预发帖子到各家各户，届时会敲锣打鼓、挨家挨户以采茶歌舞恭贺春禧、祈福新岁。吉利的唱词从正月唱到腊月，主人家也会热情地以好茶招待并封个利是，气氛热闹。

苍梧采茶戏　欧阳灿供图

第四章

茶品鉴

■

一、六堡茶冲泡技艺

如何冲泡好一杯六堡茶，将其茶性发挥到极致？冲泡六堡茶时要注意哪些细节？归纳起来，六堡茶的冲泡方法有三种：泡、煮、焖。使用的器具，可以是盖碗、坭兴陶、紫砂壶、电陶壶、飘逸杯或快客杯等。用水可以选用纯净水、山泉水。

①盖碗冲泡法。可以保持茶汤的原味。

醒茶。将100℃水注入盖碗后倒掉，再放入茶叶，100毫升的盖碗置茶7克，洗两遍，以洗去灰尘和除去渥堆或仓储气味。

出汤。第2至第5泡使用沸水定点注水，停留10秒钟出汤，汤水要沥尽。第5泡后，茶汤滋味开始减弱，每一泡停留时间适当延长10—20秒。

②壶泡法。可以改变茶的味道，美化茶汤滋味，使茶汤口感更纯滑。

温杯。最好选用瓷器茶杯，如广西北流陶瓷杯，用100℃水烫杯，净器，可保持茶汤原味。

醒茶。选用壶身高、壶口小的坭兴陶壶或紫砂壶，将100℃的水注入壶后倒掉，再放入茶叶，轻轻摇动。视壶的容积大小投放茶叶，如200毫升的茶壶，置茶12克。

醒茶。如果是六堡老茶，通常用100℃水洗茶两遍。

注水。可以将沸水进行定点注水，也可以顺时针绕壶口进行注水。

出汤。冲泡后停留10秒钟出汤，汤水要沥尽。随后，每一泡停留时间逐步延长，保持茶的最佳汤感。

③煮茶法。用电陶壶煮六堡老茶，可以将茶的味道尽情释放，使汤感更纯厚。煮出来的六堡茶往往有枣韵。六堡老茶的茶壳、茶梗、泡完后的茶叶都适合煮着喝。

④杯泡法。用玻璃飘逸杯或陶瓷快客杯，将六堡茶散茶或袋泡茶置入杯内，沸水

"凤鸣"坭兴陶壶（上左）　童团结设计

坭兴陶冲泡（上右）　童团结设计

丰收壶（下）　童团结设计　钱雪梅制

北流三环陶瓷婴戏杯　童团结设计　刘德新制作

注入后快速按键或取出滤网，洗茶2遍，出汤，分茶。这种泡法简易、方便，适合出差旅途或办公室使用。

　　品六堡茶，通过温杯、泡茶、出汤、闻香（壶香或挂杯香）、品饮等程序，体验到六堡茶的味觉之美、视觉之美、嗅觉之美。

二、六堡茶的感官品鉴

六堡茶内蕴丰富，评定一款茶的好坏，就是通过茶者的视觉、嗅觉、味觉、触觉对茶叶的形状、色泽、香气和滋味等进行感官品鉴。外形，包括茶形、条索、色泽、整碎、净度、嫩度，是否有夹杂物等；内质，包括香气、汤色、滋味、叶底四项。通过审评茶叶的外形、香气、汤色、滋味、叶底五项因子来鉴茶叶品质的优劣，称为五项因子审评法，是评定茶叶品质优次、级别高低的主要方法。

①干看外形。

观条索。看条索的紧结粗松、重实轻飘、挺直弯曲，其中紧细、圆直为优；同时看其毫的含量，是否有锋苗，从而确定原料老嫩和做工精细程度。一般高档茶原料细嫩、做工精细，其条索细紧，锋苗显露，含毫量多，而低档茶原料粗老，做工粗放条索较松，显粗松或空松。

观整碎。看茶叶匀整度，主要看其完整、片、碎、末的程度。若碎片末多，匀整度就差。

观色泽。看色泽是否纯正（即是否符合该类茶应有的特征），色泽的深浅、枯润、明暗、鲜陈，以及是否调和一致。一般高档茶色泽鲜活光润，低档茶色枯缺少光泽，或多粗老片，色泽花杂，陈茶色泽枯暗发滞。干茶的色泽除看色度外，还应观察其外表光泽。光泽均匀、明毫发光的，说明鲜叶细嫩，制工好；光泽不匀，明亮无光，说明鲜叶老嫩不匀，也可能是制作时"杀青"不匀所致；而无光泽又暗枯的，则说明鲜叶粗老，或者是制工不好所致。

观净度。评比茶类及非茶类夹杂物含量的多少，如黄片、碎末等茶类夹杂物以及石子、杂草等非茶类夹杂物。高档茶应剔净茶类及非茶类夹杂物；低档茶允许有部分茶类夹杂物，如黄片、碎末等，但决不允许有非茶类夹杂物存在。

观嫩度。嫩度反映茶叶原料的老嫩。一般嫩度好的茶叶，茸毛较多，茶身较紧细；嫩度较差的，干茶的外形较松散，条索较粗松，茸毛较少。在外形审评中，察看茶叶的嫩度也是关键。嫩度好的，条索紧结、色泽调匀，净度也好；嫩度差的，条索粗松，色泽花杂，净度也差。有些茶类还可通过干嗅茶香来鉴别茶叶优次。干嗅是用两手捧茶叶，将鼻子靠近茶叶吸入茶叶发出的香气。高香茶、新茶、足火茶，香气必高；而劣质茶、陈茶或水分含量多的茶，香气必低。

②湿（冲后的湿叶）看内质。

主要评香气、汤色、滋味和叶底四个项目——"先嗅香气，快看汤色，再尝滋味，细评叶底"。

一闻香气。闻香依靠嗅觉来体验，包括陈香、槟榔香和松烟香的浓淡、强弱和清浊，以及是否带油烟味、焦味、清臭味、霉味等其他异味。品评者嗅香时应一手拿住已倒出茶汤的杯，另一手半揭开杯盖，按照茶汤的水温程度，靠近杯沿用鼻轻嗅或深嗅。嗅时应重复一两次，但每次嗅的时间不宜过久。其中，以冷嗅时仍有余香为好。一般高档茶香气馥郁，鲜爽持久；中档茶香虽浓，但不持久；低档茶香淡，常带粗气。若有烟、馊、霉、焦、老火等气味，则为次品茶、异味茶，严重的应视为劣变茶。嗅茶叶香气时，闻有花香、嫩香、栗香者为佳，闻有闷、霉、烟、焦、油气等异气味者品质差。

二看汤色。六堡茶汤色的审评包括颜色、明亮度、是否具有油光，以及是否混浊晦暗等方面。茶汤的色泽以鲜、清、明、净为上品。凡茶汤色泽浊暗、浅薄者，为品质较差之茶叶。汤色的深度、混浊与滋味有关。一般色深则味浓，色浅则味淡。鲜叶品质的好坏，制法的精粗和贮藏是否妥当，显著影响茶汤汤色的深浅、清浊、鲜陈、明暗。茶汤冲泡后，以在短时间内汤色不变为上品。

三尝滋味。六堡茶的滋味包括茶汤的浓稠度、纯正与否、淡薄强弱程度、苦涩程度、刺激程度、醇厚甘甜程度和爽滑程度等方面。审评时，可饮入5—10毫升的茶汤含于口中，以舌尖不断振动汤液，使茶汤连续与口腔之内味觉细胞及黏膜不断接触，从而分辨茶汤的甘醇、苦涩、浓稠、淡薄程度及其活性、刺激性、收敛性等特性。同时，在以舌尖振动汤液之时，可将口腔中的茶叶香气经鼻腔呼出，再度评鉴茶叶香气。

茶叶制作时的火工对茶汤滋味也有影响。茶汤有焦味，则火工过老；香气低、味淡，则火工不足；火候适度的茶叶茶汤滋味也佳。评茶人员的舌头滋味感觉区如下：

舌前两侧为咸味，后两侧为酸味，舌尖为甜味，舌背后为苦味，舌心为鲜味涩味。茶汤以入口微苦、回味甘甜为好，以入口味苦涩而无回甘为最差；若为锁喉，即品茶后，咽喉过于干燥，吞咽困难、紧锁发痒不适，即为坏茶。茶叶品级以茶汤鲜爽而有微甜味为上，鲜爽、鲜醇、纯和次之，浓涩、有异味为差。

四评叶底。叶底即冲泡后充分舒展开的茶渣。剩留的叶底要靠视觉和触觉来审评。六堡茶叶底审评包括叶底色泽、老嫩、匀净度、发酵程度等方面。前三个项目的评价完成后，可将杯中冲泡过的茶叶倒入审评杯盖的内面，也可放入叶底盘或白色搪瓷漂盘里。先将茶叶的叶张拌匀、铺开、揉平，再观察其嫩度、匀度和色泽。在审评叶底时，要充分发挥眼睛和手指的作用，细心感受叶底的软硬和厚薄。此外，叶底外形完全张开后，应仔细观察茶叶外形的完整和断碎程度，以均匀为佳，短碎为次。叶底黑褐、细嫩柔软、明亮为最佳。用手指压叶底，柔软有弹性的叶底为佳，表示发酵程度良好有活性。

品六堡茶，可以用眼睛品，观其色，品其韵；用鼻品，品其香，思其忆；用口品，品其味；也可以品其气，感受淋漓畅快之体验。

六堡茶的感官指标

级别	外形				内质			
	条索	整碎	色泽	净度	香气	汤色	滋味	叶底
特级	紧细、圆直	匀整	黑褐、黑，油润	净	陈香纯正	深红，明亮	陈，醇厚	褐、黑褐，细嫩柔软，明亮
一级	紧结、尚圆直	匀整	黑褐、黑，油润	净	陈香纯正	深红，明亮	陈，尚醇厚	褐、黑褐，尚细嫩柔软，明亮
二级	尚紧较结，尚圆	较匀整	黑褐、黑，尚油润	净，稍含嫩茎	陈香纯正	尚深红，明亮	陈，浓醇	褐、黑褐，柔软，明亮
三级	粗实、紧卷	较匀整	黑褐、黑，尚油润	净，有嫩茎	陈香纯正	红，明亮	陈，尚浓醇	明亮褐、黑褐，尚柔软
四级	粗实	尚匀整	黑褐、黑，尚润	净，有茎	陈香纯正	红，明亮	陈，醇正	褐、黑褐，稍硬，明亮

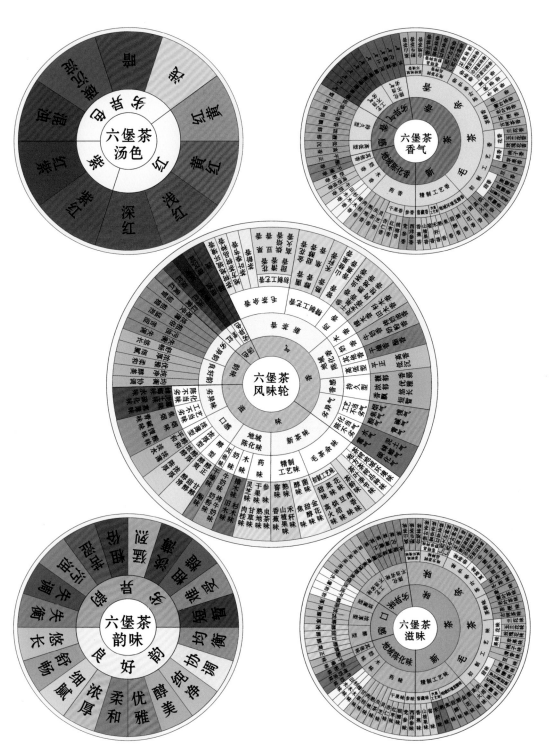

六堡茶风味轮合成图　吴平绘

三、传统工艺六堡茶和现代工艺六堡茶的品鉴

传统工艺六堡茶，其外形条索长整紧结，呈鱼钩形，茶汤的鲜度和收敛度比较高，有清新的植物香气和香甜的香气。新茶有浓郁的花蜜香，汤色一般为通透橘黄色或淡黄色。随着年份的增加，香型会转化为槟榔香、松烟香、药香、樟脑香、参香、花蜜香等不同的香型，汤色逐步加深为橘红色或酒红色，滋味回甘，口感爽口。好的传统工艺的六堡茶对原料要求比较高，且最大程度地保留原种六堡茶的品种香，滋味醇厚清爽回甘好，内含物丰富，茶汤层次感的变化较好，口腔的愉悦感比较好，耐泡，茶汤橙黄或橙红透亮。

社前茶　潘绍册摄

文创 "广西名片：六堡茶"　李云青设计

现代工艺六堡茶，形状对称，条纹粗，色泽褐黑，或略带"金花"；具有"红、浓、陈、醇"的汤感和滋味特点。现代工艺的六堡茶，经过加水渥堆发酵的工艺后，口感相对醇滑平和，涩味轻，茶性更加温和。

四、六堡老茶品鉴

有人说，六堡茶是"可以喝的古董"，尤其是六堡老茶，具有稀缺性、独特性，有时一泡难求，甚至可遇不可求。品饮六堡老茶、收藏六堡老茶成为当下茶圈关注的热门话题。

六堡老茶的划分，以 10 年为界。10 年以下为新茶，10—20 年为旧茶，20 年以上为老茶。

一款好的六堡老茶，是岁月沉淀的美味，是时光的味道。六堡茶随着时间的沉淀，品质越来越好，香型变得越来越丰富，口感变得越来越浓厚甘醇。

六堡老茶的特点，体现在"红、浓、陈、醇"。"红"，指汤色红亮，通透，呈

六堡老茶　凤小茶供图

琥珀色。陈化时间可以优化茶汤的色度、亮度和清浊度，清浊度是评判一款好茶的标准之一。茶汤上有一层油脂，那也是好茶。"浓"，指茶汤和香气的浓郁程度。茶汤浓郁，是六堡茶发酵重和陈化时间长的原因，是六堡茶好的原料和陈化时间长的结合。六堡老茶都会出"陈"香，也叫陈韵，好的六堡老茶，好的仓储，陈韵清爽舒适。六堡老茶随着时间的增加会转化不同的香型，有些会出槟榔香、菌花香、参香、药香等馥郁型香型。槟榔香、参香是六堡老茶的标杆型香型，参香的出现尤为稀少。"醇"，是六堡老茶的终极体现，醇香、醇滑、醇厚、细腻爽口，喉韵有薄荷的凉感。

体感，是六堡老茶的显著特征。一款好的六堡茶老茶，饮茶者的体感是非常强烈的，掌心、背脊、颈椎、额头等部位会发热、出汗，有时伴随着不断的打嗝等生理现象出现，感觉气到丹田，一股暖流在身体涌动。用一句经典语来表述："六堡茶好不好，身体会告诉你。"

六堡老茶的存放非常关键，受潮或吸收了不好的味道，定然会影响茶的口感、香气和品质。入口会出现锁喉、麻辣等不良感觉。

好的六堡老茶，茶汤入口一定是平和的，会有饱腹感。饭后品饮可去油腻。

五、六堡新茶饮

六堡茶新茶饮，是以优质现代工艺和传统工艺六堡茶为基底茶，以水果蔬食、乳制品等新鲜食材为调和原料，通过营养成分配比、色彩搭配，现制而成的口味多元化的调饮茶。目前，流行于市场的新茶饮主要以红茶、茉莉花茶、乌龙茶为基底茶。六堡茶新茶饮仍处在兴趣爱好者对其进行探奇尝试的阶段，市场上还没有出现同类的研发产品，也没有形成规模。

六堡茶新茶饮的特点是外观时尚化，口味多元化。它辅以咖啡、奶盖、冰块等饮品的时尚元素进行现制，吸引新一代年轻消费群体关注广西六堡茶，以茶饮年轻化的方式进行中华茶文化的传承。

资深茶艺师石冰老师介绍："六堡茶新茶饮的制作流程，主要有以下步骤，制备基底茶汤、制作和准备调和物料、根据科学配比进行现制。六堡茶新茶饮的制作有两个关键环节，一是基底茶的茶水比例；二是基底茶与各调和物料的配比。这也是六堡茶新茶饮风味形成的关键。在六堡茶新茶饮的分类上，根据调和物料类别的不同，可细分为果茶饮、蔬茶饮、奶茶饮、咖茶饮、酒茶饮等品类。根据制备茶汤的不同方式，茶水比例从 1：20 至 1：50 不等。在茶汤与调和物料的科学配比上，根据酸甜味口感、甜味口感，甚至苦后回甘口感的区别，也各不相同。"

在饮用方式上，六堡茶新茶饮有热饮、温饮、冰饮等形式。多元化体验，是六堡茶新茶饮的品饮方式和口感特点。由此制成的六堡茶新茶饮，不再是单一的清饮口感，而是具有调和饮品的特点。如品饮奶盖六堡茶，可以逐层感受到海盐奶盖的咸，六堡奶茶的甜，以及咸甜香味、醇厚茶味与绵密奶味彼此融合而成的新口感。

中国连锁经营协会新茶饮委员会发布的《2022 新茶饮研究报告》显示，我国新茶饮市场规模从 2017 年的 422 亿增长至 2021 年的 1003 亿元，2022 年新茶饮规模预计达 1040 亿元，新茶饮门店总数约为 48.6 万家。2023 年新茶饮市场规模有望达 1450 亿元。

另外，在美团美食与咖门联合发布的《2022 茶饮品类发展报告》中，从茶饮门

六堡茶果香新茶饮　石冰供图

店和订单数量看，广州、深圳、上海、成都、重庆、佛山、南宁等城市名列前茅。

由此可见，新型茶饮业处于快速发展阶段，市场潜力巨大。六堡茶新茶饮属于新型茶饮的特色产品，应发挥其立足广西、辐射东盟的影响力，不断发展壮大，打造具有广西特色的茶饮"国潮"文化，使六堡茶文化的传承和传播更加年轻化、生活化。

第五章

茶仓储

■

一款好的六堡茶，必须具备三个条件：好的原料、好的工艺、好的存储。原料是基础，工艺是关键，陈化是升华，三者缺一不可，相得益彰。存储，也是保证六堡茶品质的关键。如果是批量大的情况下，六堡茶适合存放到茶窖和木板干仓；如果量小的六堡茶，可以存放于竹篓、陶器、瓷器、葫芦、竹筒等器物内。

一、大型仓储

1. 木板干仓

木板很适合益生菌的附着和繁殖，还有调节湿度的作用。通过木板干仓不断集聚

益生菌，可以提升茶叶的香气。木板干仓的设计必须科学，底垫离开地面，才能起到防潮的作用。茶叶存放于木板干仓，有微生物的环境，非常有利于茶叶的转化。最具特色的是1953年梧州茶厂建设的木板干仓，堪称"中国六堡茶第一仓"。

2. 茶窖

天然恒温的茶窖，温度常年保持在22—26℃，湿度为75%—85%，该条件非常适宜洞内益生菌的生长，使茶叶与微生物形成一个密切关系。这种微生物对于茶叶内含物质的转化和香气的形成具有良好的作用，有利于提升六堡茶的滋味。茶窖主要用于传统包装六堡茶的前期转化。中茶窖藏六堡茶桂林窖藏基地坐落于广西桂林市，面湖靠山，环境优雅静谧，基地内冬暖夏凉。温湿度均衡的环境为六堡茶醇化提供了良好条件，岩石窖洞通风透气，存放出的茶叶干净清纯，风味更佳。

↑ 梧州茶厂茶窖
← 梧州茶厂木板干仓

二、小量仓储

竹篓。竹篓透气，用竹篓存放六堡茶，有利于茶叶的转化。存放量大的六堡茶，可以选择竹篓，外包布袋或麻袋。用竹篓存放六堡茶，与其他黑茶存放的方式不一样，是六堡茶包装的一大特色。

陶器。具有透气不透水的双重结构的广西钦州坭兴陶或江苏宜兴紫砂陶以及粗陶，均非常适合存放六堡茶。用陶器存放六堡茶，有利于茶叶的转化，具有窖藏的陈化功能。

瓷器。适合存放有年份的六堡茶陈茶，不需要转化，聚香，保持原味。茶叶与空气接触少，可以避免受潮湿空气的影响。

葫芦。谐音"福禄"，是中华民族最古老的吉祥物，也是人类最古老的原器。葫芦为双气孔结构，存放六堡茶有利于茶叶的转化。

竹筒。将茶叶蒸软装入竹筒，慢火烤干，待竹筒表皮炭火烤制显焦黑，刮去表皮保存，此时竹香侵染茶味，冲泡后茶汤入口竹香清幽，清凉甘甜。

↑北流瓷铜鼓罐（上左）　童团结设计　刘德新制作

↑坭兴陶茶罐　（上右）童团结设计

↑装六堡茶的葫芦（下左）

↑装六堡茶的竹筒（下右）

←八十年代中粮六堡外贸茶　凤小茶供图

半成品

（六堡茶）

第六章

茶人

一、非遗传承人

1. 国家级传承人

（1）韦洁群

韦洁群，女，1958 年 2 月出生于广西梧州市苍梧县六堡镇大中村，2018 年 5 月被认定为第五批国家级非遗代表性传承人，中国制茶大师，曾获评"广西工匠"，是广西五一劳动奖章获得者，现为梧州苍梧县六堡茶黑石山茶厂技术总监。韦洁群为家族第四代传承人，第一代传承人祝坚通，第二代传承人祝文州、祝裕有，第三代传承人祝德安、祝美莲。

韦洁群

2. 自治区级传承人

（1）陈伯昌

陈伯昌，男，1961年8月出生于广西梧州市苍梧县六堡镇九城村，六堡茶制作技艺自治区级代表性传承人，国家职业资格二级评茶师、梧州市六堡茶国际交流促进会会长，2019年被评为"广西工匠"，是广西五一劳动奖章获得者。陈伯昌为家族第五代传承人，第一代传承人祝坚通，第二代传承人祝裕有，第三代传承人陈甫生、祝德安，第四代传承人陈华联。

陈伯昌

（2）祝雪兰

祝雪兰，女，1971年11月出生于广西梧州市苍梧县六堡镇山坪村，是六堡镇山坪村党支部书记、村委会主任，六堡茶制作技艺自治区级代表性传承人，党的二十大代表。祝雪兰为家族第四代传承人，第一代传承人祝坚通，第二代传承人祝文州、祝裕有，第三代传承人祝德安、祝美莲。

祝雪兰　潘邵珊摄

（3）石濡菲

石濡菲，女，1987年10月出生于广西梧州市苍梧县六堡镇塘平村，六堡茶制作技艺自治区级代表性传承人。石濡菲为家族第五代传承人，第一代传承人祝坚通，第二代传承人祝文州、祝裕有，第三代传承人祝德安、祝美莲，第四代传承人韦洁群。石濡菲还当选第十四届全国人大代表，第三、四届全国青联委员，曾获全国五一劳动奖章，获得"全国劳动模范""第七届全国道德模范提名奖""第十一届全国农村青年致富带头人""全国巾帼建功标兵""中国制茶能手""梧州工匠""全国十佳农民""全国乡村能工巧匠"等多项荣誉称号。

石濡菲

（4）谭爱云

谭爱云，女，1961年3月出生于广西梧州市苍梧县六堡镇四柳村，六堡茶制作技艺自治区级代表性传承人。她创建了苍梧县沁怡六堡茶专业合作社、苍梧县沁怡六堡茶业有限公司。谭爱云为家族第五代传承人，第一代传承人谭甫贞，第二代传承人谭红林，第三代传承人谭振生，第四代传承人为其父亲谭立群。

谭爱云　潘邵珊摄

（5）陈奎香

陈奎香，女，1963年5月出生于广西梧州市六堡镇首溪村，六堡茶制作技艺自治区级代表性传承人。2019年，陈奎香获得全国五一劳动奖章。陈奎香为家族第十代传承人，第一代传承人梁达乾，第二代传承人梁文荣，第三代传承人梁柱森，第四代传承人梁日昌，第五代传承人梁毓斌，第六代传承人梁全和，第七代茶人梁满英，第八代传承人梁华东，第九代传承人陈恒芝。

陈奎香

（6）苏兆华

苏兆华，男，1964年7月出生于广西梧州市苍梧县六堡镇六堡街，六堡茶制作技艺自治区级代表性传承人，苍梧县六堡镇启源盛六堡茶专业合作社总经理。苏兆华为家族第四代传承人，第一代传承人苏敬全，第二代传承人苏伯刚，第三代传承人苏金洽。

苏兆华　欧阳灿摄

（7）黎坚斌

黎坚斌，男，1968年5月出生于广西梧州市苍梧县六堡镇塘平村，六堡茶制作技艺自治区级代表性传承人，梧州六堡茶传统工艺协会会长，2021年被评为"梧州工匠"。黎坚斌为家族第四代传承人，第一代传承人黎世亮，第二代传承人黎达贤，第三代传承人岑清兰。

黎坚斌

（8）刘锦芳

刘锦芳，女，1982年5月出生于广西梧州市苍梧县六堡镇蚕村，六堡茶制作技艺自治区级代表性传承人，被评为"梧州工匠"。刘锦芳是家族第三代传承人，第一代传承人陈敏堂，第二代传承人刘春清。

刘锦芳

（9）易燕花

易燕花，女，1985 年 8 月出生于广西梧州市六堡镇首溪村，六堡茶制作技艺自治区级代表性传承人，2020 年被评为"梧州工匠"，2008 年创立"村姑六堡茶行"，2011 年成立芦荻茶叶专业合作社，2022 年获评"中国制茶能手"。易燕花为家族第四代传承人，第一代传承人易云奇，第二代传承人易裕贞，第三代传承人陈谷英。

易燕花

二、茶业大师

（1）何梅珍

何梅珍，女，出生于1965年10月，正高级工程师，现任广西梧州茶厂有限公司董事、副总经理，1988年毕业于安徽农学院茶业系机械制茶专业，曾获"红背篓精神传承奖"及全国供销合作社系统劳动模范、"扁担传人"、第一批"中国制茶大师"和"中华匠心茶人"、自治区供销合作社"2019年度担当作为好干部"、"梧州市三八红旗手"、"梧州市优秀质量管理工作者"多项荣誉称号。

何梅珍

（2）张均伟

张均伟，男，1987 年华南农业大学茶叶专业毕业，2008 年到梧州中茶茶业有限公司任总经理。张均伟曾获"广西优秀企业家""杰出中华茶人""中华匠心茶人"等荣誉称号，2022 年获"国茶人物·制茶大师"荣誉称号。

张均伟

（3）李访

李访，男，梧州市中茗茶业有限公司总经理，"梧州工匠"。1990年，李访进入广西梧州茶叶进出口公司工作，曾任保管员、仓库主任、副厂长。2012年，李访成立梧州市中茗茶业有限公司，先后获"连续蒸茶设备""六堡茶的制备"等17项专利，2023年获第八批"国茶人物·制茶大师"称号。

李访

（4）谢加仕

谢加仕，男，1970年10月出生于广西桂平市，1994年毕业于西南农业大学食品科学学院茶学专业，梧州中茶茶业有限公司副总经理、广西六堡茶标准委员会委员，参与《六堡茶》（DB 45/T581—2009）、《地理标志产品 六堡茶》（DB 45/T 1114—2014）、《六堡茶生产加工技术规程》（DB 45/T 435—2014）、《六堡茶加工技术规程》（DB 45/T 479—2014）、《六堡茶加工与感官审评术语》等标准的制定，2023年荣获第八批"国茶人物·制茶大师"称号。

谢加仕

（5）郭维深

郭维深，男，1942年10月出生于广西梧州市藤县大梨镇祥江乡登道村，广西茶业大师。郭维深毕业于广西农业专科学校茶叶专业。1980年12月，郭维深从桂林茶厂调任广西梧州茶厂工作，历任副厂长、厂长、厂长兼书记，2002年退休。

郭维深

（6）覃秀菊

覃秀菊，女，1956年4月出生于广西来宾市武宣县，1979年毕业于广西农学院，研究员，曾任广西茶科所品种研究室主任，2011年退休。2009年起，覃秀菊先后获聘为梧州六堡茶研究院特聘专家、梧州六堡茶股份有限公司、苍梧县六堡茶产业中心等单位专家技术顾问；为梧州市选育和提供适制六堡茶种质资源482份，建立种质资源圃3个，发表六堡茶相关论文6篇，参加制定六堡茶相关标准6项；获梧州市科技进步奖一等奖1项，曾获"广西茶业大师"等荣誉称号。

覃秀菊

（7）古能平

古能平，男，1966年10月出生，广西贺州人，1988年毕业于华南农业大学茶学专业，教授，广西茶叶学会茶叶加工与审评专业委员会副主任委员，广西茶叶评审、鉴定专家库专家，广西农业种植业标准化委员会委员，广西科技厅茶叶类项目评审专家，中国茶叶学会茶叶科普专家，高级评茶师，国家职业资格鉴定高级考评员，国家职业技能竞赛裁判员，全国优秀教师，广西高等职业院校高级"双师型"教师，广西茶业大师，现任广西职业技术学院农业工程学院茶业教研室主任，主要从事茶叶教学、科学研究及技术推广工作。

古能平（右二）

（8）杜超年

杜超年，男，1942 年出生于广西武鸣县，原广西梧州茶厂厂长、中国茶学高级工程师、广西茶业大师，1959 年考入农业专科学校茶学专业，现为超年六堡茶品牌联合创始人、广西吾茶空间投资管理有限公司首席技术顾问、吾茶严选中心首席审评专家、中国（广西）杜超年六堡茶科学精准发酵重点实验室科研带头人，退休后在广西各地茶企和科研单位担任技术指导及顾问，从事茶叶生产及研究。2021 年，在吾茶空间的倡议与推动下，杜超年与广西职业技术学院合作成立杜超年六堡茶科学精准发酵重点实验室，并建立起配套生产线，通过传帮带的形式，将六堡茶冷水渥堆发酵工艺和高香六堡茶工艺等毕生研究成果数据化及标准化。

杜超年

（9）姚静健

姚静健，男，1952年9月生，梧州茶厂退休人员，高级评茶员、广西茶业大师。1971年进梧州茶厂工作，姚静健从生产工人做起，先后担任班长、检验员、车间副主任、车间主任、生产科长、厂长助理至退休，参与或主持生产了梧州茶厂"三鹤"牌六堡茶享誉很高的"0101""0211""07123""53118""老师傅"饼及六堡茶业界非常认可的"四大金刚"等一系列产品。退休以后，姚静健受聘于广西梧州圣源茶业公司，任技术总监，指导生产了"好师傅"饼、"36002"等六星茶王六堡茶，其间还另指导梧州市原旧老六堡茶业公司生产"18001""红韵""高山槟榔香"等一系列的七星、六星、五星茶王获奖产品。目前，除在上述两企任技术指导外，姚静健还在社会上进行一些六堡茶的宣传和推广工作。

姚静健

三、专家学者

（1）农艳芳

农艳芳，女，1957 年 6 月出生，广西职业技术学院茶学专业教师，教授，茶学专业学术带头人，全国农业职业教育教学名师，主讲"茶叶审评与检验""中国茶文化""茶叶生物化学"等课程，多次获学院优秀教师、学院十佳教师、广西农垦优秀教师等多项荣誉称号，主持教学与科研课题 6 项，参与相关课题 7 项，研发的产品 4 次获国家、省部级奖项，撰写的《影响六堡茶金花形成的因子》等 60 多篇论文在国内学术刊物上发表，2008 年主持的"中国茶艺"课程获评广西高校精品课程获得自治区教育技术应用大赛三等奖，撰写的 19 本校本教材中有 3 本获学院优秀教材，正式出版教材 3 本，其中《茶艺师考证教材》为 2004 年广西高校"十一五"重点建设教材，《茶叶审评与检验》为

农艳芳

2012 年全国高等职业教育农业农村部"十二五"规划教材。1998—2012 年，农艳芳担任广西茶叶学会第六届、第七届理事，常务理事、副理事长，2000 年被广西茶叶学会推荐为广西"名特优产品"审评专家库专家，2004 年获中国茶叶学会优秀学会工作者。

（2）韦静峰

韦静峰，男，1961 年 7 月出生于广西河池市罗城仫佬族自治县，高级农艺师，农学学士，主要从事茶树良种繁育、茶树栽培、茶叶加工、新产品开发与利用研究，取得省部级科技成果 6 项，曾任广西茶叶科学研究所所长。

韦静峰

（3）吴平

吴平，男，1963年9月出生于广东信宜，1987年毕业于广西大学食品工程专业，1987年起先后在梧州进出口商品检验局、出入境检验检疫局及梧州海关从事出口六堡茶检验检疫及安全监管工作，高级工程师、三级高级主办，是六堡茶申报国家地理标志产品保护的发起者和全程参与者，主持制定六堡茶广西地方标准6项、团体标准2项，是六堡茶国家标准的主要制定者之一，发表六堡茶论文30余篇，并获聘为广西六堡茶标准化技术委员会副主任委员、梧州六堡茶研究会副会长。其六堡茶研究获得梧州市科技进步奖一等奖1项、三等奖1项。

吴平

（4）何英姿

何英姿，女，1969年2月出生，博士，教授，硕士生导师，现任南宁师范大学环境与生命科学学院党委书记，主持广西教育厅科研基金面上项目"六堡茶快速陈化技术及其对茶叶品质的影响"。

何英姿

（5）滕建文

滕建文，男，1969年10月出生于广西南宁市，1991年广西大学轻工系食品工程专业本科毕业，1994年华中农业大学农产品贮藏与加工专业硕士研究生毕业并留校任教，1996年调入广西大学轻工与食品工程学院任教，2008年获聘为教授。在涉六堡茶的研究中主要研究方向为六堡茶的微生物学研究、品质及食品安全分析与评价、功能因子及茶食品开发等，已完成六堡茶相关研究项目6项，获得广西科技进步奖二等奖1项，发表六堡茶学术论文30篇（其中SCI收录14篇，EI收录3篇），申请六堡茶相关专利6项。

滕建文

（6）姚明谨

姚明谨，男，1973年9月出生于广西百色市凌云县，硕士研究生，副教授，广西职业技术学院茶叶专业教师，从事茶叶教学、科学研究及技术推广工作27年，国家职业技能评茶员、茶叶加工比赛裁判员，国家职业资格鉴定高级考评员，农业农村部农产品质量追溯特聘专家，梧州市2022年、2023年农民工职业技能大赛六堡茶手工制作专项裁判员，传统工艺六堡茶手工制作专项职业能力鉴定题库审核专家，参与起草《传统工艺六堡茶感官审评评分方法》和《窖制六堡茶》六堡茶团体标准2项，主编出版有关茶叶与茶艺类教材2本，参编相关教材3本，获发明专利4项。

姚明谨

（7）陈恩海

陈恩海，男，1976年8月出生于广西北海市合浦县，广西职业技术学院农业工程学院院长、广西茶文化研究会副会长兼秘书长、广西茶业学会副会长。国家职业教育专业教学资源库"民族文化传承与创新子库——中华茶文化传承与创新"执行建设及推广负责人，广西职业教育茶树栽培与茶叶加工专业及专业群发展研究基地主要负责人，茶树栽培与茶叶加工"双高"专业群建设首席执行人，广西职业教育示范特色专业及实训基地茶树栽培与茶叶加工专业建设项目主要建设者，参编教材3本，被评为"中国'互联网＋创新创业'优秀指导老师"。

陈恩海

（8）黄丽

黄丽，女，1979年11月出生于广西桂林市，2002年广西大学食品科学与工程专业本科毕业，2005年广西大学制糖工程专业硕士研究生毕业，同年在广西大学轻工与食品工程学院任教至今，2010年获广西大学化学工艺工学博士学位，2012年获聘副教授。黄丽在六堡茶的研究中主要研究方向为六堡茶的微生物学研究、品质及食品安全分析与评价、功能因子及茶食品开发等，完成六堡茶相关研究项目6项，其中4项为项目负责人；获得广西科技进步奖二等奖1项，发表六堡茶学术论文34篇（其中SCI收录18篇，EI收录3篇），培养研究生15名，申请六堡茶相关专利6项。

黄丽

（9）龙志荣

龙志荣，男，1980年12月出生于广东省四会市，硕士，高级农艺师，梧州市茶产业发展服务中心科长，广西六堡茶标准化技术委员会副主任委员，广西茶叶学会常务理事，梧州六堡茶研究会副会长。

（10）于翠平

于翠平，女，1981年4月出生于山东省泰安市，茶学博士，高级工程师，梧州市农业科学研究所（梧州市六堡茶研究院）副所长，广西农业科学院梧州分院副院长（兼），广西六堡茶标准化技术委员会副秘书长，广西茶产业创新联盟副秘书长，梧州六堡茶研究会副会长。于翠平参与六堡茶科技项目20余项，其中主持4项；牵头起草广西地方标准1项，参与起草广西地方标准13项，《茶船古道六堡茶》及《广西优质六堡茶》团体标准2项，参编六堡茶专著《六堡茶大观》和《六堡茶种质资源图谱》。

于翠平

（11）邱瑞瑾

　　邱瑞瑾，女，1982年9月出生于山东省德州市武城县，2004年于安徽农业大学茶学专业本科毕业，2008年华南农业大学茶学专业研究生毕业，2008年到梧州市农业科学研究所（梧州市六堡茶研究院）工作，2017年聘为高级农艺师，2013年起任副所（院）长。邱瑞瑾主要从事六堡茶品种选育、栽培技术和加工工艺等研究，主持和参加广西科技计划项目4项、梧州市科技项目10余项、广西农业科学院院市合作项目5项；获得梧州市科技进步奖一等奖1项、三等奖2项，广西农业科学院科技进步奖二等奖1项；主编和参编专著2部，发表论文近30篇，参与起草六堡茶国家标准1个、广西地方标准12个。

邱瑞瑾

（12）马士成

马士成，男，山东人，1983 年 12 月出生，浙江大学农学博士，曾任梧州市农业科学研究所所长、梧州六堡茶股份有限公司董事长、梧州市农业农村局党组成员、市茶产业发展服务中心主任、党组书记，现任梧州市苍梧县委副书记、二级调研员，2018 年获"全国农业劳动模范"称号，编著有《六堡茶大观》。

马士成

四、茶企名匠

（1）廖庆梅

廖庆梅，男，1940年7月出生于广西南宁市武鸣县，1960年就读于广西农业专科学校首届茶叶专业，1963年毕业分配到梧州茶厂工作。廖庆梅从事毛茶原料验收审评、茶区收购茶叶、学员授课、推广科学种茶制茶知识等工作；先后任梧州茶厂副厂长、党支部副书记；1991年4月作为副厂长接待日本客人堤定藏来访并交流；在《茶叶通报》发表《谈谈六堡茶的加工技术及工艺》论文；1996年获得高级工程师职称，2000年退休；此后被多家茶企聘请担任技术顾问。

廖庆梅

（2）覃纪全

覃纪全，男，1940 年 4 月出生于广西贵港市平南县，1959 年就读于广西农业专科学校首届茶叶专业，1963 年 9 月毕业分配到梧州茶厂工作，先后任技术员、助理工程师、工程师、生产车间主任、生产技术科长、工会主席。覃纪全被梧州茶厂及业内人士公认为是"六堡茶冷水发酵技艺"第二代非物质文化遗产代表性传承人。退休后，覃纪全带领胡玲等受聘于多家六堡茶新兴企业，指导或监制的产品获多项国际国内大奖。

覃纪全（中）

（3）吕苏虾

吕苏虾，男，1948 年 1 月出生于广西梧州市，1965 年初中毕业，1965 年 7 月到梧州茶厂工作，从事六堡茶生产工作，学习六堡茶制作技艺，1970 年调入广西土产畜产进出口公司（1988 年变更为广西梧州茶叶进出口公司）茶叶业务部门工作，负责六堡茶原料基地的生产指导、原料收购、加工、品控及出口业务，1990 年就读于广西外贸学校，获中专学历，曾作为广西贸易代表团茶叶业务代表赴日洽谈、交流，使六堡茶成功打入日本市场，2008 年退休后受聘于 3 家企业任六堡茶制作技术顾问或总监，指导或监制的多批产品获得广西或梧州六堡茶斗茶大奖。

吕苏虾

（4）苏淑梅

苏淑梅，女，广西梧州茂圣茶业有限公司创始人、六堡茶民营企业创始人，曾获"全国三八红旗手""中国茶叶行业十大年度人物"荣誉称号；曾任中国国际茶文化研究会理事会常务理事、中国茶叶流通协会理事会常务理事、广西壮族自治区政协委员、梧州市人大代表、广西优秀女企业家、梧州茶业商会第一届会长。

苏淑梅

（5）蔡一鸣

蔡一鸣，男，1958年3月出生于广西南宁市，梧州中茶茶业有限公司原副总经理，1969年随父亲所在部队的调动来到广东省英德县，1975年到广东省农业科学院茶叶研究所工作，1980年回到中国土产畜产进出口总公司广西分公司梧州支公司（梧州中茶前身）工作，2018年正式退休。

蔡一鸣

（6）胡玲

胡玲，女，1958年4月出生于广西梧州市，六堡茶制作技艺县级代表性传承人，1975年高中毕业到梧州藤县插队，1977至2007年就职于梧州茶厂期间先后担任质检科质检员、供材科采购员、仓库主管。退休后曾长期到梧州市多家六堡茶企业任技术主管或技术总监。

胡玲

（7）何志强

何志强，男，1961年3月出生于广西梧州市藤县，中共党员，高级农艺师；1982年毕业于广西农学院茶叶专业，曾任广西壮族自治区梧州茶厂党委书记、副厂长、工会主席，广西茶叶学会副会长，梧州市茶业商会常务副会长；曾获"全国优秀茶叶科技创新企业家""陆羽奖'第十一届国际十大杰出贡献茶人'""广西劳动模范""广西优秀质量管理工作者""广西茶文化研究和推广突出贡献先进个人""2018年度梧州市优秀产业工匠"等荣誉称号。

何志强

（8）刘泽森

刘泽森，男，1962 年 5 月出生于广西梧州市蒙山县，中共党员，高级农艺师，1984 年毕业分配到广西壮族自治区梧州茶厂工作，先后担任企业经营部经理、副厂长，1998 年 2 月至 2020 年 10 月任厂长，参与六堡茶国家标准、广西地方标准、进出口行业标准、企业标准制定工作，曾任广西六堡茶标准化技术委员会委员，先后获"中国生态原产地品牌创新人物""广西优质质量管理工作者""梧州优秀企业家""广西优秀企业家""广西劳动模范"多项荣誉称号。

刘泽森

（9）杨锦泉

杨锦泉，男，1984年从安徽农业大学茶业系机械制茶专业毕业，毕业后进入梧州茶厂工作，曾先后任广西梧州茶厂陆川分厂厂长，广西梧州茶厂质检科、生产技术科科长，供销财务科科长，供销科科长，公司董事、副总经理等，2022年获评"广西工匠"。

杨锦泉

（10）吴燕

吴燕，女，梧州茶业商会会长，梧州市天誉茶业有限公司董事长兼生产技术总监，曾荣获"全国巾帼建功标兵""广西三八红旗手""梧州工匠"称号，曾获梧州市五一劳动奖章，2022 年 11 月获"广西优秀民营企业家"称号。

吴燕

（11）黄进达

黄进达，男，工程师，二级评茶员，现任广西梧州茶厂有限公司总经理助理，广西三鹤茶业有限公司副总经理，梧州市六堡茶冷水发酵技艺传承人；2010年毕业于云南农业大学茶学院茶学（茶艺茶道方向）专业，获学士学位，同年7月到广西梧州茶厂工作至今，2020年获广西农业科学院科学技术二等奖，2023年获首批"国茶人物·制茶能手"称号。

黄进达

（12）蒋健轩

蒋健轩，女，广西农垦茂圣茶业有限公司总经理，2017年获梧州市五一劳动奖章，广西六堡茶标准化委员会委员，广西壮族自治区政协委员，2018年获广西五一劳动奖章，2020年获"第四届梧州市市长质量奖先进个人"，广西统一战线中青年新的社会阶层代表人士，曾获梧州市科学技术进步奖二等奖，获评"梧州工匠"称号。

蒋健轩

（13）蔡俊麟

蔡俊麟，男，1986年4月出生于广西梧州市，梧州中茶茶业有限公司总经理助理、市场管理部经理，中华茶人联谊会青年工作委员会副秘书长，曾任中国创意50强企业新影响国际传媒策划指导，2013年加入梧州中茶茶业有限公司，十年来专注"中茶窖藏六堡茶"品牌的全方位打造，2023年获首批"国茶人物·茶业品牌官"称号。

蔡俊麟

第七章

茶企

一、龙头企业

1. 广西梧州茶厂有限公司

广西梧州茶厂有限公司，隶属广西壮族自治区供销合作联社，前身为创建于 1953 年 1 月的广西壮族自治区梧州茶厂，是广西茶行业建厂历史最早、工业遗存最完整、技术积累和文化积淀最深厚的茶叶精制加工企业；是"中华老字号"企业，是我国首个六堡茶企业标准制定者，享有"中国六堡茶工业的摇篮"美誉。

公司位于梧州市美丽的鸳鸯江畔，珠山脚下，三面环山，一面临江，拥有老茶窖和老木板干仓，是加工和陈化六堡茶的理想之地。公司生产的"三鹤牌"六堡茶，具有红、浓、陈、醇的品质特征和独特的三鹤茶韵。

公司拥有中国制茶大师及经验丰富的专业研发团队，其中，高级职称 4 人，中级制茶等科技人员 30 多人。公司坚持以提供产品质量和市场竞争力为核心，重视科技创新和人才队伍建设，首创六堡茶冷水渥堆发酵工艺，突破六堡茶关键核心技术，研制发明六堡茶发金花关键控制技术、槟榔香六堡茶制作技术等。2020 年，公司的"三鹤"品牌价值上升至 4.53 亿元，在中国茶叶企业产品品牌前 100 位中排名 26 位，位居广西茶叶企业产品品牌首位。

公司荣获全国首个"中国茶品牌五星认证""全国企业品牌建设典范企业"，是"国家知识产权优势企业""高新技术企业"等。三鹤六堡茶是"国家生态原产地保护产品""国家地理标志保护产品""中国黑茶（六堡茶）标志性品牌"，获"第五届广西壮族自治区主席质量奖提名奖"等称号。

广西梧州茶厂有限公司

2. 梧州中茶茶业有限公司

梧州中茶茶业有限公司隶属世界 500 强中粮集团，是中国茶叶股份有限公司的全资子公司。自 1952 年至今，主营六堡茶生产加工和销售业务。1952 年至 2005 年半个多世纪的时间里，一直担负着六堡茶出口的重任，为国家赚取大量外汇，支持当年国家建设。

公司坐落于梧州市钱鉴路，占地 20000 多平方米，拥有六堡茶自动发酵罐生产线、自动蒸压生产线、自动包装生产线等现代化、机械化、自动化、可视化的生产加工车间，并拥有环境优良的木窖、陶窖、陈茶窖。目前，公司年总产量达 3000 吨。

公司是六堡茶加工的传承者和发扬者，1958 年组织和领导六堡茶冷水渥堆发酵工艺的研发并获得成功。公司秉承"做老百姓喝得起的放心茶""好茶在中茶"的理念，为国内外消费者提供优质的六堡茶产品。

公司获 ISO9001 质量管理体系认证、ISO22000 食品安全管理体系认证、ISO14001 环境管理体系认证、ISO45001 职业健康安全管理体系认证、HACCP 体系认证、香港优质正印认证。公司采取"公司＋茶厂＋合作社＋农户"共赢模式。

公司是中国质量诚信企业、广西农业产业化重点龙头企业、高新技术企业；获 2017—2019 年梧州市"三连 A 纳税人"、2018 年度广西商务诚信示范企业、2018 年度广西优秀企业等多项荣誉称号；中茶窖藏六堡茶多次荣获广西春茶节金奖、"中茶杯"一等奖等奖项。

梧州中茶茶业有限公司

3. 广西农垦茶业集团有限公司

广西农垦茶业源自 1952 年，于 2002 年组建广西农垦茶业集团有限公司，是直属广西农垦集团有限责任公司的二级企业，自治区重点龙头企业。公司建有五大茶园及加工生产基地，拥有 26309 亩土地和近 6000 亩国家级有机茶标准化栽培示范基地，创建 1 家国家 AAA 级旅游景区和 2 个四星级现代特色农业核心示范区。公司立足"专业化、规模化、现代化、全产业链"发展理念，逐步形成种、加、销、旅一体化协同发展新格局。

公司坚持科技创新与"产学研"深度融合，与高校、科研院所合作，建成广西红茶加工工程技术研究中心和白茶加工工程技术研究中心，形成以"广西茶业大师""广西茶业名师"为核心的科研团队。

旗下"大明山"茶品牌以"一黑一白一早春（红、绿）"主打产品定位，产品绿色健康、有机富硒，连续 20 年获国家有机茶认证，茶叶"从农田到餐桌"全程质量可追溯，连续多年获"广西老字号""广西名牌产品""广西著名商标"等殊荣。自 2011 年起，入选中国茶叶企业产品品牌价值百强榜单，"大明山"茶产品在"国饮杯"、"桂茶杯"等各大名优茶评比中屡屡获奖。

公司以广西六堡茶为主打产品，大力发展自动化、智能化、清洁化生产线建设。目前，已在苍梧县六堡镇新建占地 30 亩的六堡茶加工厂，并配套一条从鲜叶到六堡茶成品全过程不落地智能化生产线，年生产能力 1 千吨，是目前广西乃至全国比较先进的六堡茶生产线。产品热销全国各地，远销东南亚、欧美、日本等国家。

广西农垦集团有限责任公司

4. 广西梧州六堡茶股份公司

广西梧州六堡茶股份有限公司是梧州市产业投资发展集团有限公司的控股公司，成立于 2016 年 12 月 26 日，注册资金 1 亿元。旗下拥有全资子公司为桂茶六堡种植科技有限公司。

公司以促进六堡茶产业高质量发展为主要目标，集茶叶种植、收购、加工、销售、研发、仓储，茶文化产业研究、开发、科技创新，茶船古道品牌背书、高端定制产品一体等多项业务。

公司拥有"茶船古道"商标，2017 年起"茶船古道·新丝路"梧州六堡茶行销全球活动，足迹遍布北京、杭州、南宁、深圳、广州等国内近二十个城市及港澳地区和印度尼西亚、马来西亚、泰国、文莱、斯里兰卡、日本、韩国、新加坡八个"一带一路"沿线国家，茶船古道已成为六堡茶的重要文化载体和产业知名品牌。

公司联合梧州学院和梧州市产品质量检验所 [广西黑茶 (六堡茶) 产品质量监督检验中心]，成立自治区科研平台——广西六堡茶种质创新与综合利用工程研究中心。公司建立六堡茶种质资源圃 1 个、六堡茶优良种苗繁育圃 2 个，标准化茶园基地 608 亩。研发生产了定制茶饼、现代工艺、传统工艺、衍生产品、终端产品等五大系列产品。

目前，公司拥有十余项专利，积极参与六堡茶标准体系建设，公司牵头起草 1 项广西地方标准《六堡茶仓储管理规范》，参与起草 13 项广西地方标准，参与起草 17 项团体标准。由广西梧州六堡茶股份有限公司、梧州六堡茶研究会联合提出的《茶船古道六堡茶》16 项团体标准是全国首个少数民族地区发布实施的黑茶类团体标准。

公司被认定为国家高新技术企业、第八批自治区人才小高地、自治区科技型中小企业，被列入 2021 年高新技术企业培育库入库企业、2021 年自治区农业产业化龙头企业、2021 年第三批高新技术企业、2022 年度自治区级服务业标准化试点、国家知识产权优势企业、广西优质认证企业，"茶船古道·17108 乡村振兴版"获香港标准及检定中心（STC）颁发的优质"正"印认证等多项荣誉。

"茶船古道"六堡茶是 2017—2019 年中国—东盟博览会指定贵宾用茶、2019 北京国际茶业展唯一指定六堡茶、第二届中国国际茶叶博览会品鉴用茶、2019中国北京世界园艺博览会贵宾接待茶。2021年"茶船古道"六堡茶成为澳门质量品牌国际认证联盟成立大会指定用茶，"茶船古道"六堡茶品牌宣传登陆北京地铁1号线。茶船古道纪念饼进入马来西亚郑和大船博物馆成为永久馆藏品，入选中国茶叶博物馆名茶样库，进入茶萃厅巡回展览茶样名单。

广西梧州产业投资发展集团有限公司

5. 广西金花茶业有限公司

广西金花茶业有限公司（原广西横县茶厂），坐落于广西横州市横州镇南部郁江之畔，创建于1952年，是广西建厂最早的茶企之一，是1978年横州首家引种使用茉莉花的企业。公司以生产经营茉莉花茶、六堡茶、有机绿茶、红茶、白茶、茯砖茶为主，集茶叶种植生产、花茶黑茶加工经营、旅游业、工业研学为一体的大型现代企业。

公司占地面积4.3万平方米，厂房建筑面积3万平方米，其中生产面积达2万平方米，年加工茶叶能力达1万吨。具备丰富茶叶深加工经验的管理精英和技术人才25人，其中国家级技师和高级茶师3人，企业获质量专业技术人员职业资格7人。

"金花茶业"是获"广西名牌产品""全国茶业百强企业""全国民族特需商品生产百强企业"等殊荣的南宁市农业产业化重点级龙头企业。2013年被评为"广西守合同重信用企业"，2014年茉莉花茶生产获准检验检疫部门"出口食品生产企业备案"，2015年"金花"商标被续认为"广西著名商标"，2019年获广西壮族自治区农业龙头企业认定及高新企业认定；企业先后通过ISO9001质量管理体系和ISO22000:2005食品安全质量管理体系认证。

公司生产的"金花""人间壹香"等系列产品，销量多年来一直位居全国茉莉花茶市场位置前列；公司获全国茶业百强企业、"广西老字号"等称号。

广西金花茶业有限公司

6. 广西农垦茂圣茶业有限公司

广西农垦茂圣茶业有限公司，成立于2004年，是第一家六堡茶民营企业，目前是广西茶企业中的唯一一家国家级农业产业化重点龙头企业。

公司一直秉承工匠精神，自主研发出获得国家专利的中国首条含科学化、自动化、标准化黑茶生产线，是首家研发出金花六堡茶、速溶茶珍饮料，开发茂圣六堡茶保健功能的企业，公司现有现代化标准六堡茶生产厂房2个。

公司一直致力于六堡茶文化推广，是唯一一家代表中国六堡茶进入2010年上海世博会和2015年米兰世博会的公司，在米兰世博会上获得中国六堡茶史上第一个国际金奖"金骆驼奖"，是广西六堡茶第一家具有欧盟认证出口的茶企，首家代表广西六堡茶出口到欧盟市场的企业；广西首家被中国农业博物馆永久收藏六堡茶的企业；全国茶企百强企业，品牌价值3.57亿元；全国"万企帮万村"精准扶贫行动先进民营企业，AAA国家级旅游景区。

广西农垦茂圣茶业有限公司

二、上规企业

1. 梧州市天誉茶业有限公司

梧州市天誉茶业有限公司

梧州市天誉茶业有限公司成立于 2011 年，是一家集广西六堡茶种植、研发、深加工及销售为一体的民营企业。是广西扶贫龙头企业、广西第二批知识产权优势培育企业、广西重合同守信用单位、梧州市农业产业化龙头企业、梧州市文化产业基地、梧州学院科研基地。

公司旗下"熹誉"牌商标获"广西著名商标"称号、"广西知名产品"称号。公司重视科技创新，目前拥有自主发明专利 21 项，范围涉及新产品创新、六堡茶深加工、六堡茶复合加工产品等项目。自主研发的"塔式蒸茶装置""全自动发酵装置"获国家知识产权发明专利。

2. 苍梧六堡茶业有限公司

苍梧六堡茶业有限公司

苍梧六堡茶业有限公司是"广西老字号"企业，源自 1955 年成立的六堡公社茶场。解放初期的六堡茶场拥有官营坪方圆 8000 亩茶园，是六堡茶的最主要原料生产商。公司于 2006 年 5 月 25 日成立，以"苍松"为商标，从事茶叶种植、收购、加工及销售；茶叶技术研究及技术服务；茶树批发、零售；餐饮、住宿服务。2016 年获"广西老字号"企业称号。2017 年苍松生态茶园获"全国 30 家最美茶园"称号。2019 年获"广西扶贫龙头企业""自治区级农业产业龙头企业"称号。2020 年 11 月"苍松"六堡茶厂生态茶园文化产业基地被命名为自治区文化产业示范基地。

3. 苍梧县六堡茶产业发展有限公司

苍梧县六堡茶业发展有限公司

苍梧县六堡茶产业发展有限公司，成立于2016年12月19日，是苍梧县一类国有独资企业。公司以"心中有责、眼中有活、手中有力、胸中有度、结果有效"的五有精神为企业核心文化，是集茶叶种植、生产、加工、销售、科研、茶文化传播及茶旅景观开发、建设、投资和经营于一体的综合性企业。

公司主营茶叶种植、收购、加工、销售、仓储，种子、种苗销售，茶文化产业研究、交流、展览及传播服务，茶园产业及景点开发、投资、建设，旅宿、餐饮服务，茶叶包装及旅游纪念品、工艺品研发、销售，茶文化及茶业技术培训等。

"三源六堡"是公司注册商标，旨在推广原茶种、原产地、原工艺的六堡茶，让六堡茶更负盛誉。公司出品的三源六堡茶系列产品有忘年双囍、忘年六合、忘年伴手礼，明前陈茶金罐、红罐，香茗茶香格，茶船古道纪念版伴手礼等。公司2021年通过质量管理体系认证、广西优质认证，2019年获香港标准及检定中心（STC）颁发的"广西特产行销海外优质正印认证"，同时获梧州市"优秀茶叶种植大户""六堡茶文化推广与品牌建设先进企业"等荣誉称号。

4.广西梧州圣源茶业有限公司

广西梧州圣源茶业有限公司

广西梧州圣源茶业有限公司，成立于2011年3月，是梧州市农业产业化重点龙头企业、产业扶贫龙头企业、高新技术企业。公司位于梧州市西江南岸广信森林公园内，拥有半地窖和老杉木板干仓，是加工、贮存和陈化六堡茶理想之地。

公司以"创行业标杆，建百年老店"为初心，以"让消费者喝上安全正宗六堡茶"为使命，坚持"承古纳今、传承发展、精心制茶、诚信经营"发展理念，采用传统工艺与现代技术相结合制作与研发六堡茶，首创"回旋蒸茶技术"，实现六堡茶蒸制快速、均匀、节能目标，掌握六堡茶发金花和白花关键控制技术，槟榔香六堡茶、花香六堡茶、健体美颜六堡茶制作技术等。

三、新锐企业

1. 苍梧县六堡山坪投资发展有限公司

苍梧县六堡山坪投资发展有限公司，是一家由梧州市从大湾区招商引资为投资六堡茶产业成立的企业公司，注册资金人民币5000万元。公司自有高端六堡茶品牌"山坪茶缘"及"黑石"商标，以发展"美丽村寨、特色产业、创新旅游"为思路，以"企业＋村集体＋农户"模式，打造各类主题乡村旅游目的地，包括建设富有瑶族特色民宿、饮食、康养及文化传承基地，推动六堡茶产业与文化、旅游、休闲、养生等产业

苍梧县六堡山坪投资发展有限公司

深度结合，建设成为一、二、三产业高度融合发展的田园综合体示范项目。

公司投资建设的瑶寨风情街，位于"山坪瑶乡六堡茶田园综合体"内，风情街建设在高山上，极具原生态民族村落特色，周围六堡茶园、八角树林、原始森林植被环绕，常年云雾缭绕，空气清新，鸟语花香，令人神往。

公司主打农家传统工艺六堡茶产品，坚持研制古法六堡茶制作工艺，专注保留传统六堡茶原始味道。据六堡茶历史记载，其产地苍梧县六堡镇山坪村，作为当地唯一的瑶族文化村落，因其特有的高山云雾茶、特色农业资源和乡村民俗风情，使得该地区素有六堡"三原茶"（原茶种、原产地、原工艺）发源地之称。公司创建"山坪茶缘"品牌时，会在保留原始种植、原始工艺、原始味道上下足功夫，并依托各原始的主体资源，率先打造集茶叶种植、茶叶加工、农业示范、生态观光、休闲养生、农事体验、科普教育、游学研学、旅游度假、文化体验于一体的多功能田园综合体。

公司旗下现有子公司2家，分别是苍梧县山坪六堡茶业有限公司和苍梧县六堡休闲农业有限公司，分别经营六堡茶生产加工销售和六堡茶核心产区休闲农业文化旅游。

2. 梧州六堡茶城投资集团有限公司

梧州六堡茶城投资集团有限公司，由广西梧州六堡茶股份有限公司与广西梧州中恒房地产开发有限公司共同成立，其身后是实力强劲的梧州市产业投资发展集团有限公司和广西金源置地投资有限公司。公司的组建是按照梧州市委、市政府大力发展六堡茶产业的要求，实现"强强联手"的新创举。

其主导建设的梧州六堡茶城项目是梧州市六堡茶产业重大项目，由梧州产业投资发展集团领衔、广西金源集团投入巨资倾力打造。项目主体位于梧州市发展潜力新区红岭片区，周边分布着梧州市政务服务中心、梧州市教育局、梧州市公安局、梧州高级中学、中恒体育馆、梧州职业学院、玫瑰湖公园等一系列优质配套，项目总占地约150亩，总建筑面积约7.2万平方米，由梧州产投集团和广西金源集团合资控股，梧州六堡茶投资集团有限公司面向市场进行现代化的运管管理；项目主导产业融合生态发展模式，覆盖六堡茶全产业链，并借助茶旅融合建设载体，形成广西茶旅融合产业带，完善产业配套服务，构建电子商务、现代物流、金融服务等于一体的服务业态和体系；以茶产业链建设激发梧州城市经济跨步发展，最终将项目打造成广西六堡茶全产业链平台。

梧州六堡茶城，以茶为设计灵感，通过风雨连廊、木纹香槟金格栅外立面、玻璃天穹、全景采光天窗，将古典与现代完美融合，打造全功能六堡茶业态。茶城集六堡茶交易中心、文化展示中心、电子商务中心、数据中心、品控检测中心、国际会议中心六大中心功能于一体，配套六堡茶监管茶仓、毛茶批发市场、梧州农土特产交易市场三大惠商助农平台，更将打造8万平方米的六堡茶体验园，形成六堡茶产业体验的一站式产业大城，为六堡茶产业发展构建最完善的业态体系。

梧州六堡茶城一楼为品牌文化馆，规划有六堡茶文化博物馆、六堡茶主力品牌展示中心、六堡茶非遗技艺体验中心、新式茶饮品牌馆、茶业配套及多种新式茶咖；二楼为休闲体验馆，规划有餐饮服务、国内品牌茶业、茶产业配套、六堡茶以及周边；三楼为专业功能厅，规划有产品发布厅、共享会议室、粤桂国际茶业交易中心、数据检测中心、餐厅等。项目通过建设广西粤桂国际茶业交易中心，打造新系统、搭建新平台，利用新一代信息技术、大数据技术，引入第三方电商服务企业等方式解决交易中心技术难题，助推梧州市茶业产业发展及数字化转型升级，形成国内领先的茶业线上交易系统及风控制度体系。

梧州六堡茶城投资集团有限公司以梧州六堡茶大宗商品现货交易、供应链管理及金融服务为主营业务，通过打造"一中心多平台"智能系统，搭建综合式交易服务平台、展示中心等，形成以茶业为主的交易中心、品鉴中心、仓储物流中心、金融服务中心、展示中心、产业信息交流中心于一体的具备公信力和影响力的交易中心。通过六堡茶检测中心、数据中心、学术交流中心，为茶企提供科技产业开发、茶叶质量安全检测、有机茶认证等研究工作，助力梧州六堡茶创新发展。

梧州六堡茶城

3. 广西梧州茶船古道陈茶有限公司

　　广西梧州茶船古道陈茶有限公司成立于 2020 年，位于广西梧州市长洲区舜帝大道，是一家集茶叶种植、收购、生产、研发、仓储、销售、策划、科技创新为一体的全产业链模式茶文化企业。公司于 2021 年设立广西梧州花香六堡茶厂，位于梧州市白云山森林公园附近，厂房面积 8000 多平方米，年产六堡茶 2000 吨。厂内设立"老茶仓"，运用智能化茶厂管理模式，科学管理茶叶储存环境，解决广大茶友、茶客、茶商的茶叶存储问题。

　　公司秉承"传承、创新、发展"的品牌精神和"好茶共享、合作共赢"的经营理念，

以"品味广西花香六堡、传承茶船古道文化"为企业使命，将先进的现代工艺注入传统的六堡茶产业当中，创造出馥郁菌花香为代表的新时代六堡茶，将花香六堡茶打造为标准化、健康化、现代化的茶品牌。

公司重视标准建设，研发制定一系列企业标准来保护食品安全：2021年8月发布花香六堡茶（Q/CCGD 0001S-2021）企业标准，2022年7月发布花香六堡茶厂毫级六堡茶（Q/HXLB 0003S—2022）企业标准，2022年7月发布花香六堡茶厂花香六堡茶（Q/HXLB 0001S—2022）企业标准，2022年7月发布花香六堡茶厂六堡茶制品（Q/HXLB 0002S—2022）企业标准。2023年，公司参与梧州市计量测试所申报的"茶叶烘焙机校准规范""茶叶筛分机校准规范"正式立项，实现了梧州市计量起草零突破，填补了该领域技术性规范空白。

广西梧州茶船古道陈茶有限公司

4. 广西梧州市中茗茶业有限公司

广西梧州市中茗茶业有限公司，是一家采用传统工艺手法专业生产的六堡茶企业，年生产六堡茶500吨。公司生产厂房位于梧州市西江四路扶典上冲，拥有多个备案茶园种植基地，面积达5000亩，正在自建自有茶园1000多亩，主要分布在广西平均海拔400米—800米以上的山林地带。公司拥有成套先进的茶叶生产加工机械和卫生检测仪器，通过现代与传统的结合生产出不仅具有红、浓、陈、醇的特色，还有传统独特槟榔香风味等的特有六堡茶。公司在不断完善和提升产品竞争力的同时，在传统的六堡茶生产工艺上大胆创新，尊重自然，崇尚健康，使六堡茶更符合国内外消费者的需求，不断开发推出一些适合年轻人口味的办公室用茶，以及口感清香、健康时尚的茶饮品。公司严格执行产品品质控制，长期将产品送至梧州市质量技术监督局检测，产品连续多年通过国家标准品质监督检验。

广西梧州市中茗茶业有限公司

5. 广西芊河茶业发展有限公司

广西芊河茶业发展有限公司是广西梧州市集六堡茶种植生产、茶叶深加工、茶文化旅游开发于一体的重点企业，是广西农业标准化示范区、中国茶叶学会科技示范基地、广西梧州六堡茶研究院的六堡茶良种茶苗选育繁育试验基地和加工试验基地、梧州市六堡茶产业科研基地、梧州市六堡茶研究院博士工作站、梧州市六堡茶研究院加工试验基地。其中，梧州市六堡茶研究院良种茶苗选育繁育基地的种植基地及其茶叶生产体系获有机认证，并获批六堡茶原产地地理标志认证保护产品。公司还是广西民族大学芊河六堡茶文化及人才培训基地及芊河六堡茶产业研究与发展基地。

公司秉承"原产地、原生态、有机茶、健康茶"的理念，遵循"不求产量大，只求品质好"的宗旨，芊河六堡茶多次获得国家级金奖及特等金奖，芊河茶业被评为广西 2012—2014 年食品行业优秀企业，被国家质检协会评为 2012—2015 年全国质量诚信标杆企业，还被评为全国质量诚信优秀企业。芊河六堡茶获"广西名牌产品"及"广西著名商标"，2016 年获中国茶叶博览会优质茶园认证。

公司目前已形成规模生产能力，拥有六堡茶毛茶和精制茶生产线各一条，公司导入有机食品及 ISO22000 食品质量安全体系，并于 2012 年获得有机转换产品认证。

广西芊河茶业发展有限公司

6. 苍梧县六堡镇黑石山茶厂

苍梧县六堡镇黑石山茶厂，是国家级非物质文化遗产六堡茶制作技艺生产性保护示范基地，基地现有 1 名国家级非物质文化遗产代表性传承人韦洁群老师，1 名自治区级非物质文化遗产代表性传承人石濡菲老师，10 多名市、县级非物质文化遗产传承人，是拥有六堡茶制作技艺非遗传承人数量最多的厂家。

茶厂坚持"原树种、原产地、原生态、原工艺、原仓储"的做茶理念，以党建带工建、带妇建、带团建来引领茶产业的发展，以"公司＋基地＋农户＋培训班"的形式，巩固脱贫攻坚成果，以及六堡茶人才的储备工作，以一、二、三产业深度融合发展，助力乡村振兴与文化振兴，获"全国巾帼建功先进集体""广西城乡妇女岗位建功先进集体""广西壮族自治区文化产业示范基地""自治区级劳模和工匠人才创新工作室""自治区、市、县三级共建社会科学普及基地""自治区级工人先锋号"等称号。茶厂成员荣获有"全国劳动模范""全国五一劳动奖章""全国道德模范提名""全国青年致富带头人""全国巾帼建功标兵""中国制茶大师""全国十佳农民""中国制茶能手""广西工匠"等荣誉称号。

苍梧县六堡镇黑石山茶厂

7. 苍梧县沁怡六堡茶业有限公司

苍梧县沁怡六堡茶业有限公司，成立于2011年，创始人是自治区非物质文化遗产项目六堡茶手工制作技艺传承人谭爱云，商标有"六堡长群山"。企业现有茶园700亩，2011年获有机产品转换认证，取得SC（食品生产许可）认证。2012年企业种植加工基地被定为"广西巾帼现代农业科技示范基地"，2013年企业旗下沁怡合作社被评为"广西农民专业合作社示范社"。

公司根植于农业，联合广大农民，采取"自主投资，标准化管理"为主的经营模式，从事茶叶种植、茶叶收购、茶叶加工及销售，组织与农业生产经营有关的技术培训和咨询服务。2017年，公司在六堡镇四柳村盘古寨建造建筑面积达4000多平方米的标准化茶叶加工厂，创建六堡茶传统制作工艺的自动化、连续化、清洁化的生产线，实现茶叶加工全过程流水线作业，茶叶从鲜叶到成品"不沾地，不挨手"。

企业注重人才培养，联合梧州学院、梧州职业学院、广西壮族自治区茶叶科学研究所、苍梧县中等专业学校等单位，开展种植实践、六堡茶制作等实用技术培训，专注于向农户，特别是贫困户提供农业科技培训及技术转移服务。

苍梧县沁怡六堡茶业有限公司

8. 苍梧县大生六堡茶厂

苍梧县大生六堡茶厂，是六堡镇的百年老茶号，肇始于清中期，设厂于苍梧县六堡镇塘平村大朗北鹿山脚，是当时第一批直接到核心茶区村落设厂收茶的茶厂。茶厂坚守"虔诚制茶、诚信为本"的经营理念，历数代耕耘经营，至嘉庆年间，大生茶畅销港澳南洋，享誉海内外。

2013年大生茶厂重新建立，注册"大生六堡"商标。成立六堡镇茶民六堡茶专业合作社，带动社员复垦、开辟茶园1000多亩，以"茶厂＋基地＋农户"的模式管理六堡茶的生产，签约茶农60多户，年产优质六堡茶30多吨。茶厂秉承"原汁原味、看茶做茶、不讲固定、掌握火候"的祖传制茶心法，坚持"原产地、原茶种、原工艺、原生态、原仓储"的制茶理念。

茶厂守正出新，创立陈奎香劳模创新工作室，致力于技术和产品的改良创新，创新"生态茶管理模式""单、多蒸工艺""大生拼配工艺"等种植管理、生产工艺。新产品代表作有"参香""原种槟榔香""野生茶""生态茶"等系列六堡茶。

苍梧县大生六堡茶厂

9.广西村姑茶业有限公司

广西村姑茶业有限公司由苍梧县六堡镇土生土长的村姑易燕花一手创办。公司成立于 2008 年，主营传统工艺六堡茶、老茶、精品茶，定位中高端。易燕花秉承"诚信经营，人品就是茶品"的经营理念，一辈子只做六堡茶。

创始人易燕花是国家高级评茶员、自治区级六堡茶制作技艺代表性传承人，被评为"中国制茶能手""梧州工匠""梧州市劳动模范"等，担任梧州市茶叶商会副会长，梧州传统六堡茶协会常务副会长。

公司采取"合作社种植＋工厂加工＋公司"的模式，在梧州市和南宁市均有直营店，经销批发代理遍布全球各地。公司在六堡镇带动茶农种植有生态茶园 2000 亩，茶园主要分布在山坪村、塘坪村、四柳村、公平村、梧桐村和首溪村等地，年产茶 100 吨。精制茶工厂坐落于环境优美的梧州市高新区，年产茶 200 吨，有专业的木板陈仓、VIP 茶仓库，可承接定制茶。

广西村姑茶业有限公司

10. 广西吾茶空间投资管理有限公司

广西吾茶空间投资管理有限公司成立于2018年6月。公司创始人、董事长李艺华毕业于广西财经学院工商管理专业，是梧州茶厂原厂长杜超年徒弟、六堡茶杜超年冷发酵工艺传承人。

公司业务涵盖六堡茶的研发（与广西职业技术学院共建广西六堡茶杜超年科学精准发酵实验室）、茶园种植管护采制（在梧州苍梧，河池南丹，来宾金秀、百色凌云、西林等均有合作茶园）、生产加工（南宁市AAAA级景区龙门水都内自有六堡茶工厂超年龙门茶厂）、品牌管理（超年和杜超年商标）、终端门店（超年六堡茶·高端品鉴中心及其加盟店）、超年六堡茶文创工场（1200平方米），以及正在规划建设的超年茶博园（包括六堡茶科普基地、研学基地、六堡茶微缩博物馆、超年预制茶茶仓、茶宴、茶主题文化民宿、茶主题山水实景演出）等六堡茶全产业链。

公司充分发挥核心技术人员杜超年在六堡茶现代工艺高质量品控方面掌握的最佳技术参数，倾力打造超年六堡茶这一知名品牌。通过"超年+N"产业战略部署，科技引领、文化赋能，夯实产品品质标杆基础，向六堡茶全产业链集团化发展方向。

超年龙门茶厂

第八章

茶产品

1. 三鹤六堡茶"0101"

三鹤六堡茶"0101"，在六堡茶界声名显赫，因陈化年份长，茶叶品质特色明显，成为梧州六堡茶品质标杆，堪称三鹤至尊典范。

该茶在1991年按传统工艺制作，以特级大竹箩包装，主要用于出口至日本及一些东南亚国家。由于各种原因，这批茶有一部分一直存放在梧州茶厂木板仓内。2000年以后，随着"黑茶热"的升温，作为传统侨销黑茶的六堡茶逐渐被人们重新认识，陈化年份长的六堡茶受到追捧。于是，梧州茶厂技术人员在木板仓里找出了这一批六堡茶。经集体品鉴，大家一致认为此茶无论是口感还是体感，都使人难忘，达到了陈年臻品的境界。

2003年，该茶经过拆箩分装，正式以"0101"编号面市，采用手提双龙彩盒，内配铝箔袋包装形式（250克/袋，2袋/盒）。2006年，该茶改用14厘米×15厘米工艺竹箩包装，搭配精美礼盒，每盒（箩）500克，竹箩上刷"0101"唛号。

该茶特点是条索紧结壮实，色泽黑褐油润，间有金花；香气浓厚，除了槟榔香、陈香、木香、参香之外，还具有少许顶级兰花香；汤色红浓明亮如琥珀；滋味浓厚、醇滑，齿颊留香，回味持久。

作为梧州茶厂第一款四位数的编号茶，"0101"六堡茶目前已成为稀缺的经典老茶，500克的市场价为38万，可谓一泡难求。

重新面世的"0101"，其包装设计独具匠心，阿拉伯数字0101的呈现简洁明了，完美诠释了"0101"老茶的深厚历史底蕴。包装上，祥云与海浪巧妙运用，祥云寓意吉祥如意，而海浪则突显了茶船古道的历史文化内涵。

三鹤六堡茶"0101"

2. 三鹤六堡茶"槟榔王"

三鹤六堡茶"槟榔王"，于 1990 年 6 月陈化，2022 年 8 月由广西梧州茶厂有限公司出品。该茶由 20 世纪 90 年代梧州茶厂生产的特级大箩茶分装而成，历经多年陈化，呈黑褐色，较紧细、较匀整，色泽光润泛红，间有少量老茶梗。干茶富含岁月沉淀的木质陈香，深邃悠长。

该茶冲泡后，茶汤红浓，犹如琥珀色，莹润透亮，令人赏心悦目。香气以槟榔香为主，兼有木香、陈香、花香、参香等复合型香气，整体表现为香气馥郁，持久性强。叶底活性足，条索清晰，乌黑油润，柔韧性尚佳。

品饮该茶，滋味甘爽醇厚、甜润，槟榔香味浓郁，木香、陈香高度交融，口感顺滑，茶汤饱满，喉韵开阔，茶气深长，韵味十足。越喝越甜，尤其是七八道后，茶汤甜度明显提升，口感趋于柔顺，余韵悠长。品饮后，齿颊留香，体感明显，有醍醐灌顶之感，通体舒畅。

槟榔香，是广西六堡茶的经典香型。三鹤六堡茶"槟榔王"既然为"王"，注定不凡。历经 32 年的陈化时间，自带王者品质，尽显岁月的价值。目前，该茶市场价为 28 万元一斤，具有极高的收藏价值。

三鹤六堡茶 "槟榔王"

3. 中茶牌第一版"无土"黑盒六堡茶

早年间，六堡茶为出口海外，分别针对日本市场、东南亚市场设计了三款不同包装风格的六堡茶，中茶牌的黑盒六堡茶、木纹黄盒、桂林山水盒统称"外贸三君子"。

中茶牌第一版"无土"黑盒六堡茶，成为 20 世纪 80—90 年代中期第一款出口日本的小包装六堡茶，外包装盒和内包装锡箔袋都是由日本人设计和生产的，深受日本消费者的喜爱。该茶最显著的特点是将六堡茶的"堡"字改为"保"字，称为"六保茶"，"保"字具有"保健、保养"的意思，六堡茶被日本人称为"油解茶""健美瘦身茶"，被视为一种具备多重保健功效的药茶。出口到日本以后，在日本药局、药店进行销售。

中茶牌第一版"无土"黑盒六堡茶，盒面主色调为黑色，背景图案为金色硬笔勾勒出来的高低不平、紧密相连的五座山峰，有六堡茶之王者风范，距正中间一座山峰峰顶约 1 厘米的空中，有一只翱翔的雄鹰。

中茶牌第一版"无土"黑盒六堡茶是梧州中茶第一个获得外观设计专利的六堡茶，目前市面上的存量非常稀少，价格为 5 万元一斤。

中茶牌第一版"无土"黑盒六堡茶

4. 极品六堡茶膏

极品六堡茶膏,是由广西壮族自治区茶叶科学研究所与广西公盛农业开发公司共同开发的科技产品,于2018年获得发明专利。茶膏是茶叶精华中的精华。该产品以陈年梧州六堡茶为原料,将茶鲜叶经过加工与发酵后,采用特殊工艺分离出茶叶纤维物质与可溶性内含物,然后将获得的茶汁浓缩干燥,还原成更高级形态的固体茶,曾作为皇室专属养生茶品。

极品六堡茶膏工艺流程为"精选茶叶—洗茶—降氟—宫廷古法提膏(36道)—低温干燥—造型—封酿陈化—封装提取"。其内含物十分丰富,有茶多酚(儿茶素)、茶多糖、游离氨基酸(含伽马氨基丁酸)、茶色素、咖啡因、茶皂素、酶类、他汀类物质、结合水等。可以使用品茗杯,投入茶膏,冲水、轻轻摇动(缓慢溶解、释放)、分茶进行纯饮。1克茶膏冲泡800毫升左右沸水,具有消食解腻、解酒护肝、消酸养胃,降"三高"、抗氧化、防肿瘤的良好保健功能。

神奇的六堡茶膏,有块状、颗粒状、粉状、微细粉、纳米粉等不规则形状,具备内质黑褐外披白霜(俗称挂霜);膏体内质呈干泥土状(好膏如泥,烂膏如胶),膏体溶解、释放呈现"吐血烟",汤色红润通透无沉淀,滋味淡雅、有回甘、爽滑、弱碱性的极品特征,是茶中之"黑金""茶中贵族""茶中人参""茶膳极品",是越陈越佳的收藏佳品。故宫博物院珍宝馆保存的茶膏,经历百年漫长岁月不腐、不败、不霉。茶膏淡时色香味俱佳,浓时滋味全无,深受广大茶友喜爱。

极品六堡茶膏

5. 寻味六堡：公母云浓

寻味六堡：公母云浓，是由广西寻味六堡茶业有限公司和广西嘉成农产品有限公司共同打造的一款高端文创茶产品。

产品甄选海拔高达 1358 米的广西宁明县爱店镇公母山高山野生古树茶为原料，采取传统工艺与现代工艺相结合制作而成。干茶条索褐泽紧结，果胶丰富。冲泡后，以松烟香的槟榔味、瑶香等为特色，茶汤透亮，金圈凸显，茶气霸道，体感强烈，香气高扬，回味悠长。叶底棕褐，明亮有活力。挂杯香韵独特，悠扬持久。该茶随着时间的陈化显现出陈年槟榔韵，更馥郁、更饱满，深受广大茶客喜爱，为一款收藏佳品。

寻味六堡：公母云浓

6. 桂雅香珍藏版 888

桂雅香珍藏版888是南湖名都大酒店出品的一款1992年250克的珍稀老茶砖，此茶仓储存条件好，槟榔香丰富，口感柔滑浑厚，香气稳定而持久，将汤色红浓明亮，优质老茶特性表现得淋漓尽致。

该茶在2019年第一届中国（广西）六堡茶斗茶大会上获评珍稀鉴赏类（15—29年）"茶王"。同时在拍卖会上经过多轮竞拍，拍出5.44万元一公斤的高价。

2020年11月3日，受2020中国（广西）六堡茶斗茶大会主办方邀请，"88青饼"命名人陈国义来到南宁，为茶友们用其独创的"陈氏泡茶法"亲自开泡这款六堡老茶，让众人感受到不一样的六堡魅力。陈国义的"陈氏泡茶法"同一泡茶先盖碗洗茶两道，之后倒入紫砂壶，再正式出汤品饮。如此一来，泡出的这款六堡茶，汤色格外干净透亮，入口纯净馥郁，茶韵持久。

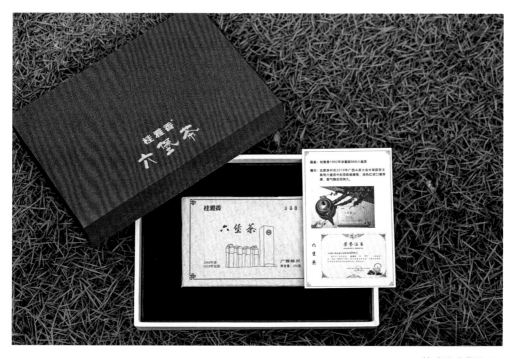

桂雅香珍藏版888

7. 农花榔 · 1988

农花榔 · 1988，是凤小茶团队出品的第一款以六堡茶特点命名的 20 世纪 80 年代传统工艺六堡老茶，也是一款经过国家级黑茶质检中心严格检测的、有规模量，并出具检测报告的传统工艺六堡老茶。它经典的松烟槟榔香、樟香和花香让人仅闻干茶就着迷，2021 年一上市就受到北京、上海、广州等地茶客的追捧。上市一年多时间，累计销售达 20000 多罐，刷新了六堡茶线上销售的记录。同时，茶友也提出一个口号：不懂六堡茶的槟榔香，就喝农花榔。此后，凤小茶品牌陆续推出一系列六堡老茶产品，品鉴价值和文创价值越来越高，取得良好的经济效益，推动了行业发展。

该茶出厂时品质特征：条索肥壮紧结，色泽黑褐油润，干香扑鼻而浓郁，茶叶间有金花，茶香气丰富、滋味醇厚甘爽，槟榔香浓郁持久，兼有花香、沉香。

2022 年，凤小茶品牌成立六堡老茶分装厂。农花榔获得著名人物画家宁新生授权，升级为"农花榔 · 三姐敬茶"文创茶礼。

作为六堡茶早期的藏家，凤小茶六堡老茶坚持干仓陈放，严格控制仓储环境，选茶团队在选茶上严格按照高端品鉴的要求选茶，茶品香气丰富、口感饱满、香气丰富、回韵悠长。

农花椰

8. 桂飞龙

"桂飞龙"六堡茶，是广西来宾市飞龙小学党支部书记、校长韦学亲自带领团队研制的一款文化茶。"桂飞龙"六堡茶是该学校注册的茶文化商标。

"桂飞龙"六堡茶，选用广西桂北临近边境山区的老树茶鲜叶为原料。老树茶原料采自一芽中二三叶的鲜叶，对其进行适度渥堆和发酵，让茶叶后期转化所需的基础物质存留。发酵的茶底物活性足，可继续转化。该茶工艺采用传统工艺和现代工艺相结合，口感滋味陈醇，柔滑饱满，窖藏参香。汤色红、浓、陈、醇。同时，"桂飞龙"六堡茶独有的窖香，以及松烟味、槟榔香弥漫在空气中，飘逸四方。

2023 年 6 月，"桂飞龙"六堡茶的研制经历获 2023 年广西中小学创新特色实验室优秀案例。该案例从 103 个广西中小学创新特色实验优秀案例中脱颖而出，入围 14 个现场案例展示奖，于 2023 年 7 月 14 日至 2023 年 7 月 16 日在南宁国际会展中心参加了 2023 年广西中小学创新特色实验优秀案例现场展示活动。

桂飞龙

9. 乾坤

"乾坤"六堡茶,是由智儒簧舍(广西)文化传播有限公司打造的一款高端文创茶产品,产品从包装设计、茶叶选料均追求高品质。

古时,龙为乾,凤为坤,以乾坤命茶,意为进贡之茶,皇帝皇后日常饮用的健康之茶。

乾坤六堡茶,以手绘故宫和龙凤图案为设计元素,以红色和绿色为主基调的两款主打产品,既有皇家的富贵,又有绿色环保的健康理念。乾坤六堡茶,甄选高品质的六堡陈茶,以参香、槟榔香、瑶香等丰富的香型,彰显迷人的味道,尽显"红、浓、陈、醇,滑、顺、柔、香"的优质陈茶品质特征,深受广大茶客的喜爱,不失为一款收藏佳品。

乾坤

10. 汕源

"汕源"六堡茶品牌创始人李宜珊，出生在中医世家。自小品尝各种食材，培养了她灵感的味觉。1996 年她嫁到梧州，2001 年从事六堡茶经营，接触的客户都是资深的六堡老茶客。为满足不同客户的需求，她选择用老茶进行拼配。

"汕源"六堡茶追寻源头，对茶的品质要求很高，在同等纬度下，要原产地、原树种、原工艺，同时"汕源"六堡老茶的拼配使用存放质量佳，10 年、15 年、甚至 20 年左右的六堡老茶样进行，以达到极佳的品饮口感，拼配的限量版六堡老茶，要达到香气高扬、滋味足、层次感丰富的口感。

只有绵柔、干净的"汕源"六堡茶，才能被资深茶友认可和收藏。中国工程院院士刘仲华说过："好酒靠勾兑，好茶靠拼配。"

11. 茉窨

"茉窨"六堡茶，是北冥大雨广告策划有限公司创始人戴剑鹏于 2022 年注册的自主茶品牌。戴剑鹏是一个喜欢六堡茶和坭兴陶的资深收藏专家。茉莉花的香气如春天般的清新。茉窨，即把茉莉花等放入茶叶中，使茶叶染上花香的一种工艺，"茉窨"六堡是用特种工艺造型茶或经过精制后的嫩茶茶坯与茉莉鲜花窨制而成的茶产品。

戴剑鹏犯"茶痴"二十年，从钻研坭兴陶到研究老六堡，他对六堡茶的制作工艺有个人独特的想法。他认为"茉窨"六堡茶有市场潜力与空间，并且他对六堡茶制作技艺研究深入，抓住了市场的消费趋向及品鉴的潮流。他坚持储藏干净，挑选当地原生态、原产地、原树种的六堡茶与茉莉花来制作最原始最经典的高香茉窨六堡茶。

真正的饮者对茶与茶器的结合都要认真地考究，每一次执壶行茶，都会让眼、耳、鼻、舌、身、意六根全开。戴剑鹏秉持"文化、实用、美学"三者兼顾的核心理念，不断探求"茉窨"六堡茶的工艺与茶器的大用与大美。

沏一杯"茉窨"六堡茶，看那剔透的本色，啜饮那随器入境的茶汤与滋味。茶与茶器、茶人的一见如故，香气如诗般妙曼、体贴，能使人在一眼一触一嗅间，懂其形、品其性、悟其神，如遇知己般令人喜悦。

茶窨

12. 蜜韵

"蜜韵"六堡茶，是梧州市陈农一品茶业有限公司打造的茶品牌。该茶品选料来自六堡老茶树，产地为苍梧县六堡镇蚕村，属于该公司重点打造的一款传统工艺经典六堡茶。该茶茶样呈鱼钩形，花蜜香浓郁，挂杯香优雅，汤色金黄透亮，茶气足，体感好。

蜜韵

第九章

茶空间

古代茶画中对茶空间的解析及实践研究表明，人、陈设及空间大小皆对空间本身产生一定的影响，除影响空间形态之外，空间的氛围及意境也会受到影响。空间的私密性程度不同，对应人群的需求也不同，人的身份建构也不同。空间的塑造不应只考量到人与空间、空间与空间的关系，更需研究人与人的关系。古代茶空间从审美上符合现代人的审美需求，精神上又蕴含着古代文人的慢生活态度。茶空间的打造，应体现"三品""五美"，达到品至真味、愉悦心情的境界。"三品"指的是品茶、品器、品百味；"五美"指的是听觉之美、味觉之美、视觉之美、触觉之美、意境之美。

现代茶空间作为兼具文化底蕴与精神包容性的场所，除了一般陈设与空间布局的营造，更需针对于不同的人群营造不同且对应其需求的空间。

个人的茶空间正如古人的茶寮，基本分为休息品茶区、备茶区、读书雅玩区、展示陈列区、景观区，在空间设计上做到真正的融古通今，以个体为本，实现自我精神享受的价值。

与个人茶空间相比，茶馆更多的是休息品茶区、读书雅玩区、展示陈列区、景观区、茶仓储区、文化交流区、综合服务区等。如今的茶馆更多的不仅仅是将品茶区、读书雅玩区与综合服务区等设为独立的空间，同时还是互为联动的统一体。通过增加空间类型，从而达到以客户为导向促进社交的功能，以实现更大化的商业价值。

如在传统茶馆品茶、联谊的基础上，将传统与现代相结合，在茶庄增设"茶空间"，为商务交流提供满足不同功能的沟通空间，有助于商务客群在茶空间这一轻松品茶的氛围中，开展商务沙龙、产品推介会、读书会、专业研讨会等商务活动。多功能商务茶空间的打造，可增强客户体验感、扩大茶馆服务功能。为更好服务商务客户，茶空间还可按照商务客户的活动需求，提供定制化服务，如在商务客户的活动现场，提供茶席欣赏、茶艺表演、茗茶鉴赏等互动活动。在帮助商务客群宣传品牌的同时，也为他们的活动增加亮点，提升茶文化氛围。

　　尤其在 2020 年新冠疫情之后，很多传统茶馆根据时代发展的需求，在茶馆开设教学直播间，介绍品牌、分享茶文化知识、展示泡茶技艺、直播带货等。新式茶饮的出现，是传统茶馆顺应时代变化的提升，也是必须要做的革新。将人、茶、空间三位一体巧妙结合，通过多维茶空间、多维茶产品体系，可使茶馆实现较高的收益，创造理想的经济价值。多维茶空间作为以茶为主线的素质提升辐射综合体，在茶文化传播、茶产业推动领域具有极强的延伸性和扩展性；多维茶空间涵盖文化行业、艺术产业、农业等，在国内尚属于较新的商业模式，以茶为载体，辐射多个领域，从价值发现、价值匹配、价值获取等方面进行分析，确定其盈利逻辑，形成以文化推广、服务感知、产品销售独立存在又互利共生的盈利模式为核心的商业模式框架体系。多维茶空间与多维茶产品结合形成新的产业模式，达到提高茶馆经营效益的目的。

1. 凤小茶茶空间

凤小茶茶空间，位于美丽的南宁市青秀区南湖边，是一家专注于分享六堡老茶的茶馆。

茶馆属于一直以来专注收藏六堡老茶的广西凤中凰茶业有限公司。公司从 2021 年正式启动"凤小茶"品牌商标，"小"是一种精致的生活态度。

在当今互联网发达的新媒体时代，凤小茶团队创新思维，突破传统的六堡茶线下销售模式，通过短视频直播带货的方式，充分发挥新媒体平台优势，迅速"破圈"，拓展北京、上海、广州、深圳、杭州等一线城市客户群体，让更多注重品质生活的客户爱上了广西六堡茶。

好品质是企业的生命力。对于茶企业来说，好的茶产品是留住顾客的关键。凤小茶品牌十分注重茶品质，坚持用专业的眼光来精选六堡好茶，优选高性价比的好茶分享给茶友。经过近两年的耕耘，客户不仅遍及国内北京、上海、广州、深圳、杭州等地，同时辐射美国、加拿大、韩国、日本和印尼等国家。

茶，既是商品，也是艺术品。凤小茶品牌坚持走茶文化路线，依托广西名人、广西名茶和广西名画，持续为客户提供高品质文创定制服务，做高品质的文化茶，服务有品质追求的六堡茶发烧友。

经典，让人留下记忆，在时代留痕。凤小茶品牌一直坚持从茶品、包装、设计等方面倾力打造系列经典产品。80 年代传统工艺"松烟槟榔香"典范的六堡茶"农花榔"，远销美国佛罗里达州，畅销北京、上海、广州、深圳、东莞、佛山等地。2021 年 5 月，凤小茶精选 20 世纪 80 年代初的广西梧州六堡老茶中稀有浓郁参香型产品成功入选由广西壮族自治区博物馆联合众单位出品的《广西名片：茶与器》文创茶礼。2021 年 7 月出品陈化于 2003 年的桂青纯料六堡茶"小桂青"，以"桂青"六堡老茶概念，让广西地方群体茶种被茶友广泛知晓。2022 年 1 月出品的《广西名片：寻味六堡》文创茶礼新书发布会纪念品，将广西六堡茶与北流陶瓷深度融合。2022 年 7 月，"农花榔·三姐敬茶"新装上市，套盒封面采用著名画家宁新生之精品画作《三姐敬茶》，寓意为

凤小茶茶空间

茶友们敬上一杯茶。2022年7月出品"制茶八图"第1款六堡老茶梗——"梗·有意思"，文创礼盒封面采用著名画家刘益之画作《制茶八图》之《装篓图》。《制茶八图》用画作的形式展现出六堡茶制作的八道工艺。"梗·有意思"是一款精选的80年代六堡茶梗，其复合参香、灵芝香和枣香，特别受到"三高"人群的欢迎；2022年7月出品"女儿晴（金印）"，精选20世纪70年代中期原种群轻发酵的老六堡茶，其汤色琥珀透亮，参香、槟榔香结合在一起，产生玫瑰花香的芬芳，香气、口感净度高，茶汤润滑，喉韵带有明显清凉感，体感温热，全身通透，三杯过后，一股暖流下沉丹田，通至脚底。"女儿晴（金印）"是款专为女性茶友精选的好茶，加上轻奢风的包装，上市便获得一线城市众多女性茶友的追捧。2022年8月出品"制茶八图"系列第2款——"芝味"，文创礼盒封面采用著名画家刘益之画作《制茶八图》之《堆闷图》，精选的二十世纪八十年代现代工艺特级茶，是当时厂茶灵芝香的典范。

　　成功源于实践和探索。凤小茶品牌成功总结出选茶"四步法"，保证了茶的品质和市场认可度。一是经验选。凤小茶核心团队积累近 20 年的选茶、藏茶经验，通过纵向和横向对比，优选纯净度高、香型丰富、口感醇厚、体感显著、回韵悠长的六堡茶。二是市场检验。把初步入选的六堡茶分享给有品鉴能力的 VIP 茶友品鉴，获取专业客户的反馈。三是专家评审。邀请茶文化专家、院校教授、高级评茶师进行评茶。四是科学检验。把得到茶友和专家认可的六堡茶，送到专业的国家级黑茶检验中心检测茶的各项指标，并出具检验报告。

　　一个个精彩感人的故事，书写了六堡老茶的新时代。凤小茶品牌建立以来，获得众多客户的认可和支持。仅一年多一罐 50 克装的"农花榔"，就卖出 10000 多罐，获得超过 2000 名客户的认可。农花榔，让众多北上广深的茶友对六堡茶感到惊艳。很多茶友感叹道："为什么和我以前喝的六堡茶不一样！原来还有那么干净、好喝的六堡茶。"

2. 无非茶文化空间

无非茶文化空间，创建于 2016 年，位于南宁市青秀区汇春路 8 号香港花园小区一座 4 层独栋的复古青灰色小楼。这是一家基于东方文化和美学而打造的现代新中式茶饮空间，主打现代的茶空间产品，以茶为缀，制器造境，以茶叶、茶器、茶礼、茶研究及相关茶文化课程交流为媒，聚四方好友，结庐于一墅，清茶谈话，共同探索回归东方生活方式的多种可能性。

无非茶文化空间的设计，既有东方基因，也有西方表达；既是古典的，也是现代的；既蕴含着历史文化积淀，又呈现着当代的美好生活。在空间功能布局上，共分为四层：一楼为无非茶文化空间的序厅，主要展示茶叶、茶器、茶礼等；二楼为新中式雅室 5 间，

无非茶文化空间

分别为青裟、净语、浮生、月下、霜白；三楼为多功能空间，有两间榻榻米式包厢（旱塘和野话），一间琴房，一间书房，一个多功能大厅，环境别具一格，内容丰富多彩；四楼为空中花园，设有三间阳光房，分别为荷田——荷色有清香，不染晨与雪；东篱——采菊东篱下；悠然——悠然见南山。

无非茶文化空间从整体设计到场景设置再到空间赋名，处处体现出传统与现代形式在美学上的高度统一，将中国茶文化的全新理念以美学空间的形式呈现，不仅为人们提供了一个现代城市文旅兴起背景下的新茶饮空间，更为大众带来一场深度的中国茶文化体验，让茶走入更多人的寻常生活。

无非茶文化空间，不仅在空间打造上擅用当代美学语言去传达东方文化，在产品打造上更是将历史悠久的中国茶文化与当地文化进行高度融合。秉承"看彻大是大非，方能无事无非"的品牌精神内核，以无非，致无畏，期望通过"产品＋文化"的方式为中国茶文化提供一个当代东方生活美学的实践方案。

广西六堡茶产业发展进入新时代，无非茶文化空间将引进六堡茶非遗文化，赋予茶空间新内容，绽放乡村振兴"新名片"。

//////////////

3. 在山里

在繁华的城市，若要寻找诗与远方，南宁市青秀山脚下的"在山里"是一处佳地。

在山里，新中式茶饮空间整体以玻璃架的形式呈现在大众眼前，一楼宽阔的大厅，配以新茶饮、咖啡、茶器等视觉美，不觉让人心态年轻起来。

若独上空中茶室，其高雅、简洁、通透的玻璃房，让户外的绿水青山尽收眼底。在这里，与老友相约品茶，会觉得心旷神怡。

走出茶室，会有清鲜的空气扑面而来。走过玻璃栈道，是一块户外的小天地，尤其适合围炉煮茶。暖洋的冬季，约上三五知己，煮一壶老茶，浓郁的槟榔香、瑶香入鼻，入口滑、醇、厚，味蕾的感觉让人回味无穷。

这里，是一片异彩纷呈的南宁茶文化主题产业的"独角兽"丛林，包括茶、茶器文化、茶文化，也是对外交流、推广与宣传的平台。

在山里

这里，是最具公信力的茶艺空间美学交流平台；是升级换代版的茶艺文化交流地；是广西品种最密集、最开放的非物质文化遗产群；是地标型的茶文化艺术机构资源信息库。

这里会定期举办内部茶文艺会展活动，包括茶艺表演、高档茶具拍卖会、书画竞赛、以物换物等。这里是古典名著中提及的以地方特色茶点为原型再创的新式茶饮聚集地。茶馆为精英人群提供茶交流文化场所与商业交易平台。该茶馆空间有符合年轻人口味的茶点。在山里茶馆，将让您尽享轻茶文化带来的轻松愉悦的心理体验与感受。

这里，是传递一种理念与精神的文化高地，也是茶非遗文化艺术交流平台。"物我两忘心自清，公母茶浓味更浓。新式茶饮体验好，慕名而来不虚行。"

4. 风华斋茶室

初到南宁，对于一个陌生的朋友来说，如果要寻找一个能够品到高端六堡茶的高档商务酒店，那么南湖名都大酒店五楼的风华斋茶室，绝对是值得一去的好地方。

酒店坐落于美丽的南湖边上，与南湖相应而望。酒店高处可俯瞰邕江两岸，不远的青山、城市景观一览眼底。酒店现代简约的设计风格透露出独特的魅力，外观设计也独具匠心。

风华斋茶室主理人叫陈小洁，是一名年轻优秀的茶艺师，曾获得"广西农业技术能手""八桂农匠""南宁市技术能手"等多项荣誉。她常说："您的满意，就是我的心愿。以茶为媒，以茶修心，用心用情泡好一杯茶，通过一杯茶来照见自己，以达到内外兼修的美好生命境界，是我习茶的初心。"

茶馆以"桂雅香"为品牌，以青砖、古木为陈设，空间布局雅致。每一款六堡茶

风华斋茶室

茶砖、茶罐都小而精致，茶品的包装设计也尽显优雅。来风华斋茶室，泡一壶六堡老茶，点一支沉香，可谓心静如水，一醉风华。

茶馆的几款经典产品值得品鉴，如桂雅香珍藏版 888 六堡茶、桂雅香 966 六堡茶、桂雅香 93 师古树茶、桂雅香神韵六堡茶等，年份从 20 世纪 70 年代、80 年代、90 年代均有，这是岁月沉淀的味道。在红、浓、陈、醇、厚、滑的味蕾世界里，为品茗者带来种种愉悦与雅趣。

近年来，南宁兴起的六堡茶斗茶大赛，复兴了始于唐、盛于宋的斗茶文化，为南宁这座城市的茶文化增添一道亮丽的风景线。首届大型六堡茶斗茶赛事就在南湖名都大酒店举办，陈小洁获得这届斗茶赛的"金泡手"亚军。南湖名都大酒店也因多次举办斗茶大赛而成为一个与茶文化有故事的酒店，成为宣传、推广广西六堡茶的品牌酒店。

酒店是外乡人来到一个城市的栖身之地。风华斋茶室利用南湖名都大酒店良好的区位优势，扮演着类似红娘牵引的重要角色，把广西六堡茶最具代表性的味道分享给全国各地的游客，让广大游客尽情体验一种全新的商务风范，并开启一段美妙的旅程。

5. 茂兰茶庄

在岭南千年重镇、百年商埠的梧州老城区，有一座"中国骑楼城"，城中的大中路上有一栋大楼，在民国时期被称为"广西第一巨厦"，是原广西银行（现为交通银行梧州分行）行址，"茂兰茶庄"就坐落在大楼斜对面。走进茶庄，首先映入眼帘的是一块牌匾，上书"茂兰茶庄"四个大字，下行小字书写"创建于民国七年"。

据《梧州市志》（1998 年版）记载：民国七年（1918 年）福建人赖主权来到梧州投资创办"茂兰茶叶店"，地点位于当时的铁柱码头，处于三江交汇处，人流、物流十分繁华。赖主权善于结交地方殷商士绅，经过多年打拼，茶叶生意越做越旺。1925 年，他将店址迁至南环路 22 号时，"茂兰茶叶店"已发展成为当时梧州规模最

茂兰茶庄

大的茶庄。梧州著名绅士钟尊为茶庄题写了"茂兰茶庄"牌匾。到1946年，茂兰茶庄成为梧州四大茶庄之一。

1950年至1955年，茂兰茶庄仍设在南环路22号；1956年，茂兰茶庄实行公私合营，归属梧州市日杂公司，为国有企业，至1979年仍以经营茶叶为主，其中，六堡茶则以梧州茶厂生产的六堡茶经营为主；1980年，茂兰茶庄移至南环路20号，更名为"茂兰商场"，归属梧州市土产公司，仍为国有企业，直至1998年。

"茂兰茶庄"历史悠久，1956至1992年期间经营的六堡茶，均通过梧州市日杂公司或梧州市土产公司从梧州茶厂进货。

2015年5月，随着六堡茶影响力的扩大和自身客户资源的扩充，茂兰茶庄在广州市清平路开设分店，店名为"广州鸳江茶叶店"，专营"三鹤"六堡茶，并成为广西梧州茶厂的广州特约经销商；2017年，搬迁至广州市芳村启秀茶城。

改革开放四十年来，从"茂兰商场"到梧州市"百年茂兰茶庄"，茂兰茶庄见证了中国商业的改革发展进程和六堡茶产业的复兴。如今，经历百年风云的茂兰茶庄，依然静静地坐落在梧州骑楼一隅，人在、茶在、故事也在，如人生一般，浓淡相宜……

6. 陈伯茶行

梧州六堡茶老字号"陈伯茶行"，创始人为陈新老先生，广东台山人氏，9岁时因抗日战争与家人失散，于1952年定居于梧州。1981年，陈新老先生于南中菜市特产街开了一家"广东陈伯土特产店"，专门售卖绿茶、六堡茶、铁观音和梧州特产。两广茶友们亲切地称呼他为"陈伯"。1998年，陈新老先生将"广东陈伯土特产店"更名为"陈伯茶行"。2001年，陈国明与陈秀卿兄妹两人正式接手父亲的经营事业。2005年，"陈伯茶行"迁至丽港商业街。

六堡茶属黑茶品种，讲究后期陈化。即使是同一个茶厂、同一批次茶叶，在同样的储藏时间里，若存放在不同的环境、仓库中，后期转化出来的茶叶品质也会有所不同。

陈伯茶行

陈秀卿在长期经营与实践过程中，摸索创造了属于自己的六堡茶储藏独门技术——"青砖老仓"陈化技术，于2006年最终解决了六堡茶的"后期陈化"难题。

该技术缘于一次偶然。1999年前后，陈秀卿回广东台山探亲，带了一些六堡茶存于青砖祖屋中。后来再回老家，与亲友聚会时取了些存茶冲泡，发现茶汤浓厚醇和，滋味特别不同。回到梧州后，她又从茶仓取出同一批次的茶冲泡对比，发现存放于祖屋中的六堡茶品质明显优于同批梧州茶仓的茶。思前想后，她认为两广地区的气候条件相似，唯一不同的就是存放空间，放在家乡的茶存放于"青砖祖屋"中，而在梧州的茶则存放于普通仓库中。回想起祖屋的室内环境，冬暖夏凉，夏天甚至不用开风扇，人在屋中尚且如此舒服，茶叶在此存放岂不同样"舒适"吗？这是不是建筑材料青砖影响的呢？带着这些疑问，陈秀卿开始研究青砖。在查找众多资料后她了解到：老青砖属于烧结砖，其主要原料为天然黏土，加水调和后，挤压成型，再入砖窑焙烤至1000摄氏度左右，再用水冷却，让黏土中的铁不完全氧化。如此一来烧出的砖就具有密度高、抗冻性好、不变形、不变色、耐风化、耐水等特性，其吸水率小于20%。同时，它还可平衡空气中不利人体的化学气体，故有人描述"青砖是以水为灵，以火为刚，五行相合"，所以用青砖建造的房屋拥有冬暖夏凉、养生环保的特点。

有此结论后，2002年陈秀卿在白云山脚下一处树木葱茏的山谷中建成第一个"青砖老仓"，就此开始六堡茶的陈化试验。经过反复试验与研究，发现五六十年代建造粮仓的老青砖最适合建六堡茶茶仓，而茶仓结构则适合采用砖木结合——地面铺木板，墙体砌老青砖的方式。按此条件建造的青砖老仓，茶仓空间湿度大时老青砖能自动吸湿，空间干燥时它又能主动将水分释放，让茶仓的温度与湿度始终维持在相对稳定的状态，使人有冬暖夏凉的舒适感。在实践中，她还发现，青砖吸附六堡茶释放的益生菌的功能特别强，经过多批次的六堡茶进仓滋养，青砖老仓逐渐拥有丰富的、浓厚的益生菌种群，就像有了灵性一样，它慢慢成长为独一无二的、适宜六堡茶陈化的天然良仓。随着时间的积累，青砖老仓对茶叶的陈化效果日益突出，犹如老酒窖，时间越陈酒越香。

7. 善园轩茶庄

"曲径通幽处，'茶'房花木深。"善园轩茶庄位于闹中带静的梧州市金湖南路，六堡茶茶香满室。200多平方米的茶空间，被独具中式田园茶文化的元素点缀得古色古香、禅意浓浓。茶庄里典雅的青砖古木、久历沧桑的农家石磨、年份久远的农耕生产工具，以及被时间蜡封的农家茶篓……仿佛都在向人们诉说着过去劳动人民的农耕生活与六堡茶的不解之缘。

善园轩茶庄内分为四大功能区。大堂用于会客品茗、陈列茶叶及茶具。在这里品茗别具韵味，各种中式茶文化元素带来丰富的气息，让人踏入门后便醉倒在"红浓陈醇"的茶韵里。

善园轩茶庄

　　善园轩茶庄创始人杨燕，从 2013 年开始与六堡茶结缘。2020 年善园轩茶庄六堡茶空间正式挂牌，主营"中茶"及"三鹤"两大品牌，强调六堡茶的品质。大品牌的六堡茶从源头抓起，在茶叶选料、制作工艺及出厂前的陈化等多个环节都有严格的执行标准，目的是让茶友们喝到健康放心的茶、喝到物有所值的茶，这是杨燕对六堡茶品质的执着。六堡茶又是一种适合收藏的茶，"喝老茶、藏新茶"是品饮六堡茶的正确方向。品质好的新茶，只要储存适当，陈化后就会变成好的陈茶。

　　六堡茶的品质提升，离不开科学的陈化环境。杨燕在打造善园轩伊始，便设专门独立的空间存放六堡茶，地面摆放有定制的杉木垫、杉木架，每天监测室内温度及 RH（相对湿度）值，存茶环境常年保持在 25℃—29℃之间，相对湿度 65%—75%。她对不同品牌、不同年份的六堡茶分区储存。除在店内设有独立储存区间外，在市内多处也打造了类似的存茶区间，用心给六堡茶打造优质的陈化环境，以便六堡茶产生反复的酶促作用和湿热作用，从而使微生物菌群数量丰富，茶叶后期转化空间大、层次感好，茶多酚中黄酮类、黄酮苷类等物质转化较好。同时，为稳定六堡茶的陈化品质，每半年左右翻仓一次，让茶叶得到充分陈化。

　　善园轩茶庄也是六堡茶文化传播之地。这里会不定期组织茶主题活动，积极推广六堡茶文化。通过品茗、分享品饮感受、了解六堡茶的特性及六堡茶的相关知识，让越来越多的朋友爱上六堡茶。

　　善园轩茶庄广结茶缘，不妨让你的故事从一杯六堡茶开始。

8.梧州青创汇众创空间

梧州青创汇众创空间，始创于 2022 年，是由共青团梧州市委员会联合国家级科技企业孵化器——梧州市科技创业服务中心共同创办，宗旨为服务青年创业，促进六堡茶文化创意产业发展。

青创汇众创空间功能齐全，建有项目路演厅、共享会议厅、创客茶室、六堡茶资料室、六堡茶非遗工作室、洽谈会客区、办公区、阅读区、综合服务区等功能区域，可开展创业引导孵化、项目路演、论坛讲座、创业培训、资源对接、资本相亲、文化交流等活动。空间依托梧州市青少年综合服务平台阵地，既能为创业者提供创业服务，也能整合各类社会资源，开展青少年文化交流活动，实现双向赋能。

梧州青创汇众创空间

青创汇众创空间探索"团组织＋国家级科技企业孵化器＋团属协会"的市场化运营新模式，其运营公司由国家级科技企业孵化器的国有运营平台和社会资本联合成立。针对青年创新创业中的缺场地、缺资源、缺资金、缺经验、缺信息等问题，建立集"阵地、平台、政策、导师、资金、信息"六大要素为一体的创新创业服务体系，提供创业辅导、管理咨询、交流培训、项目推介、市场推广、融资投资、人才引进、专业服务、基础设施等服务。

青创汇众创空间将打造以专业性、技术性、资源整合为主导，推动创新创业、线上线下、孵化投资相结合的新模式、新机制、新服务、新文化。

9. 六和老年份六堡茶馆

六和老年份六堡茶馆，位于南宁市青秀区枫林路荣和公园大道华府一楼，该茶馆前身为"桂歆茶缘"。茶馆经营历程：初识于茶花园路、成长于滨湖路、再缘定于枫林路现址。茶馆是一家以经营"三鹤"六堡茶年份茶为主、倡导喝老茶、喝出健康、喝出财富的老年份六堡茶茶馆。

茶馆主理人黎玲和黎燕玲姐妹俩把自己的茶馆取名为六和老年份六堡茶馆，意为茶有"六和"之美，即净者敬也，敬者和也，和者礼也，礼者智也，智者信也，信者平。她们立志把开好这家茶馆当作一辈子的事业经营下去。她们秉承传统风格理念，讲好"三鹤"六堡茶中华茶老字号的文化故事，让每位顾客品到六堡茶的最佳滋味，收藏到三鹤六堡茶的标杆茶、经典茶。

梧州地区是茶文化发祥地之一，姐妹俩的父亲是 20 世纪 70 年代昭平县樟木茶厂的老师傅，有着较好的制茶技艺。日常生活中，父亲时常带姐妹们品尝六堡茶，还经常向姐妹俩传授茶知识。小时候，姐妹们每有湿热性引起的头痛口干、惊风、拉肚子等，父亲就拿出家里珍藏的六堡老茶焖煮给她们喝，或者捣碎涂在她们的肚脐上，身体不

六和老年份六堡茶馆

适的症状就很快得到了缓解，六堡老茶对类似症状的治疗效果非常好。从此，六堡茶在黎玲和黎燕玲姐妹俩记忆中留下了难忘的印象。因此，长大后姐妹俩认为六堡茶一定有发展前景，认定六堡茶是个好东西，越老越有价值。

　　源于父辈的影响，姐妹俩慢慢喜欢并爱上六堡茶，于 2007 年开始收藏六堡茶，并借助父亲良好的技术来甄选好的六堡茶。2008 年开始定位为收藏"三鹤"六堡茶，黎玲认为大竹篓筐"三鹤"六堡茶的转化非常完美，滋味醇厚，让她喝到了小时候最开始对六堡茶的味道。她们痴爱六堡茶，对六堡茶有着一种特殊的情怀，善于甄选性价比高、客户喜欢的六堡茶。她们也十分注重茶的存放环境，确保了茶的高品质转化。北方的客户非常喜欢收藏她们仓储的茶，海外的华人也非常认可她们的六堡茶。哥伦比亚著名的速滑运动员卡罗斯曾来到她们的茶馆品饮了六堡茶，并赞不绝口："我的父母都喝六堡茶，而且非常喜欢喝，六堡茶是个好东西。"

　　黎玲和黎燕玲姐妹俩收藏六堡茶至今已有 17 个年头，如今她们已收藏了一大批"三鹤"六堡茶。岁月清浅，与茶共老，是她们对生活的态度和对茶的热爱。在时光的长河中，伴随着六堡茶的香气和味道，一起度过漫漫岁月，享受茶所带来的美好与宁静。

10. 计掌柜茶业

计掌柜茶业是由资深茶人、福建广西商会副会长计贞慧女士于 2016 年创立的六堡茶新茶馆。计贞慧本着"让世界都喝到高品质六堡茶"的初心，秉持"付出不求回报、负责并承担、先传统后创新"的价值观，结合"互联网＋品牌连锁经营"的模式，着力打造广西六堡茶全产业链，实现上、下游资源优势互补，共享六堡茶生态圈价值链成果。

计掌柜茶业的优势在于整合六堡茶产业链上的各个环节，搭建"天网、地网、人网"全方位覆盖的六堡茶产业链，包括：茶园茶厂、有影响力的茶人、茶培训教育、茶展示和品鉴、茶收藏、茶文旅、茶周边产品及营销推广。

天网——以"互联网＋"为载体，汇集六堡茶产业链上、下游涉及的人物、事件、企业等信息，建立互联网资源库。让企业家从单打独斗转向协同发展，实现产业链各

计掌柜茶业

环节的快速链接、优势互补。

地网——以品牌连锁体验店为载体，实现六堡茶"从茶树到茶桌"的全程跟踪和管控，建立公开、透明的茶叶溯源体系和资金管控体系。

人网——实现专业领域的优秀人才整合，打造专业的品牌战略、资本运营、全国招商、营销推广、程序开发、数据研究、法务风控团队，确保稳健扎实地实现"让全世界的人都喝到六堡茶"的企业愿景。

11. 西塘印象

西塘印象是南宁市内一家五星级茶馆。走进西塘印象，别样的环境，别样的感觉。江南水乡、园林设计风格跃入眼帘，店内池塘、亭阁、长廊、假山构成的古风景观别有韵味。

西塘印象茶馆的设计理念，缘于其主人曾游玩过的江南小镇。西塘印象的主人黄

西塘印象

科达,看似粗犷的外表下藏着一颗铁骨柔情的心。他擅长太极拳,对酒文化也颇有见地,曾带领团队到茅台镇打造了"忆千年"品牌酱香酒。

西塘印象茶馆是好茶缘文化传播有限公司旗下的旗舰店。茶馆经营六塘村自主品牌六堡茶,茶厂在梧州,原料以本地原种六堡茶原料为主,经名师精心制作,得到众多茶友的一致好评。同时,六塘村六堡茶已走进东盟国家领事馆,成为众领事馆的心头好。

茶馆空间以"琴、棋、书、画、诗、酒、花、茶"命名,装修风格以名称为主题设计相关元素,是一处休闲、品茶、交流、商务接待的理想之地。

茶馆以"让喝茶有健康、送礼有价值、收藏有增值"为使命,争做六堡茶行业的领跑者。

12. 和韵轩红木茶馆

和韵轩红木茶馆坐落于南宁市青秀区中新路。置身馆内，总是让人陶醉在一片名家字画、坭兴老壶及六堡醇茶之中。茶馆是由广西创艺文化产业有限公司董事长何小葵女士创办。她亦是一位书画艺术名家，师从黄宾虹技法，其作品既有黄宾虹画作浑厚华滋、元气淋漓的神韵，又有广西山水清秀美、境界幽远的特点。这位温婉艺术家

和韵轩红木茶馆

的书画作品常让人惊艳，而其缔造的广西创艺文化产业更让人印象深刻。

在和韵轩品茗赏器，别有一番风味。六堡新茶、各种年份的陈年老茶；散茶，茶砖、茶饼、茶块；坭兴罐茶，盒装茶、竹篓茶、藤屉茶等形式多样的品类，琳琅满目，应有尽有。

独到的文化眼光，让何小葵与六堡茶结下深厚情缘，她认为，做文化产业，就要做像六堡茶这样具有独特非遗文化魅力的产品。她深入茶山，到访茶厂，走访茶农，拜访大师，认定六堡茶"红浓陈醇"的优良品质，年年入手，订购大单，成为首府的销售大户。

何小葵扎根传统，深耕文业。她多年来在非遗传承、产业发展、文创服务等方面持续发力，为六堡茶的品牌推广、市场开拓、茶具配套、产业链延伸做了大量工作，富有成效，广植口碑。

她还主动拓宽发展领域，使公司经营蒸蒸日上。近年来，广西创艺文化公司积极投身非遗项目——钦州坭兴陶茶具的生产制作与销售，下足文创功夫，在造型设计、书画镌刻、品牌打造等方面精心投入，创出"永福"牌系列茶具，远销各地，成为家庭、单位、团体购物的精品选项，广受赞誉。2022年，何小葵积极发展壮族织布非遗项目，打造各种年龄段男女壮族品牌服饰，配套生产六堡茶茶庄服饰、茶巾、茶袋、茶垫等产品，深受顾客喜爱。

福缘善庆，茶亦醉人。广西创艺文化产业公司长期开展捐资扶贫帮困、书画展览、茶酒文化推广等活动，广结善缘，积极回馈公众厚爱，产生良好的社会效益。

13. 金叶鼎级茗茶茶馆

金叶鼎级茗茶馆位于南宁市高新区科德路，是一家以名家坭兴陶、老六堡茶、精品养生中药为主打造的健康生活型茶馆。茶馆集聚了以中国楷书陶刻第一人刘明洲老师为主的各个名家坭兴陶作品、以90年代为主的各个时期的六堡茶、以野生灵芝为主的各种精品养生中药。年轻、瑰丽、内秀、知性的馆主叶美秀，谈起她的收藏时如数家珍。

金叶鼎级茗茶茶馆成立于2009年。从2016年开始，茶馆以精品中药和高端老

金叶鼎级茗茶茶馆

六堡茶作为主营发展方向。以壶结缘，以茶会友，以高品质精品中药赢得客户的信任。

关于野生灵芝，据五代祖传中医世家的叶美秀介绍，中国最早的医药著作《神农本草经书》中记载了300多种药材，其中灵芝被列为上药。灵芝以其非凡的价值，被誉为"真菌之王"，是菌物王国中最耀眼的明星，在人类医药文化领域绽放出最夺目的光芒。

茶馆以高新区老店的知名度、美誉度，结合广誉远中药公司，将六堡茶与野生灵芝较好地结合起来，发挥两者的保健功效，为更多的人带去健康。

14. 桢师傅六堡茶馆

在喧嚣繁华的都市，工作之余最好的休闲场所、商务交流最佳的交流场所，应该就是茶馆。

桢师傅六堡茶馆位于南宁市青秀区民族大道华润大厦。茶馆装修简约，布局通透。夜间品茶，窗外车水马龙、喧嚣闹景，室内则静谧如水。既有繁华夜景，又能抚平内心。品茶，既品滋味，又品心情。

桢师傅六堡茶馆有桢系列、槟榔香系列、经典砖茶系列、经典茶饼系列、经典方罐系列、经典箩茶、金花系列等多款经典系列六堡茶产品。茶馆中最具代表性的桢系列产品，是品牌甄选之限量高端产品，极具收藏价值。这些经典系列的六堡茶产品，

桢师傅六堡茶馆

来源于桢师傅独到的甄选视觉和高超的品鉴水平。

桢师傅茶馆注重传承和弘扬中华六堡茶文化，做新中式六堡茶品牌，打造世界级的中国六堡茶品牌。其拥有核心产区的六堡茶资源、优异的销售推广团队，将品牌推广至国内外市场，让世界感受东方六堡茶文化之魅力。

如今，"桢师傅"已成为集六堡茶甄选、研发、加工、销售及营销推广为一体的六堡茶茶叶品牌，打造了南宁首家六堡茶共享体验茶馆、首家六堡茶红木桢如酒店、土芒佳品六堡茶品牌、土芒佳品六堡茶指数平台、六堡茶博物馆、南宁全国运营中心及六堡茶商学院等。

15. 老六堡茶馆

老六堡茶馆，位于广西壮族自治区博物馆文物苑苗楼。茶馆虽小，但从所处的位置、茶室的空间设计，无不透射出一种返璞归真的味道。

仅18平方米的小茶室，却被茶文化元素点缀得古色古香、禅意浓浓。老木板茶桌、

老六堡茶馆

老花窗、老物件，都是主理人精心挑选的，也是主理人爱茶、爱器、爱物且拥有独特审美的杰作。茶具、茶席、香器，以及那草木灰釉的粗陶小茶碗，一缸缸装着六堡老茶的粗陶，红浓陈醇的诱人陈香，让人一进门就醉倒在茶香里。

夏季的夜晚，茶馆门口的小水塘引来蛙声一片，坐在茶馆门口的圈椅上，品一壶六堡老茶，别有一番惬意。

茶馆边的一处戏台，"阿牛哥"与"刘三姐"每天都在这里对歌传情，人们品酒、饮茶时，连空气里都散发着醉人的芳香。

在文化气息如此浓厚的文物苑中，由老六堡茶馆带来别样的风韵，在茶香氤氲的意境里，增添了一道优雅的风景线。

16. 顺畅六堡茶室

顺畅六堡茶室，创立于2012年，前身为昌盛六堡茶室。茶室为客户提供以"三鹤"或"中茶"为主的老六堡茶品，还提供冲泡、品鉴及收藏六堡茶的专业服务。

顺畅六堡茶室以科学的方法储存和陈化六堡茶。原料是基础，工艺是关键，储存是升华；存新茶、卖老茶、喝老茶。顺畅六堡茶室，销售陈年六堡，同时提供专业的服务，

顺畅六堡茶室

以老客户带动新客户推广六堡茶，人群定位为熟人新客。

道无术不行，术无道不远。茶为品饮，喝出健康，但若无茶文化，就显苍白无力。以文化为载体，才能让六堡茶走得更高更远。一盏坭兴壶，二两六堡茶，三幅书法画，四季常乐也。顺畅六堡茶室注重六堡茶图书收藏，从 2014 年至今，共收集六堡茶文化图书 22 本。

六堡茶既是养生佳品，也是收藏极品。顺畅六堡茶室从用户体验入手，致力于茶艺可操作化、可标准化、可视化的"三化"落实，从泡茶工艺的显温、保温的茶电器与快速降温功能融合的探索，到净水器改造集成"电磁阀＋延时器＋浮动阀＋静置缸"，使添水无忧，让茶客从品茶中感受到科技的便捷和乐趣，从此爱上喝茶；对于茶壶的盖与壶身，结合对中国结的研究，独创设计用绳子编出的平结，简洁连接壶盖，盖与壶身连接绳子可拆卸，实现壶盖和壶的自由组合，满足个人使用爱好，同时防止烫手，方便清理茶壶。

"顺畅"，来自"一帆风顺、惠风和畅"的藏尾，也来自 Can Sun Tea。"顺畅六堡茶，飘香千万家"，藏老百姓喝得起的六堡茶。

17. 陈农一品六堡茶馆

陈农一品六堡茶馆，位于广西梧州市毅德城。茶馆是以主人的姓氏、制茶的理念以及茶的品类来命名。"陈"是主理人的姓氏，"农"是"以农为家、服务于农、归于农"，"一品"是指为客户打造好品质的六堡茶，以茶会友，以茶悟道，品味人生。

茶馆主理人从小与茶为伴。从她记事的时候起，她的爷爷就在村里自家的一片山

地种茶。制茶很辛苦，特别是春茶季开始就没日没夜地工作，熬过炒茶季接着又开始整茶，年头年尾都是忙。年少不懂事的她当时怎么也无法理解茶的"苦中有乐"，常问爷爷："为什么要种茶？你这么辛苦在村里做茶，也不卖茶，又是为什么？"爷爷只是笑了笑，拿起茶筒倒一杯茶出来品着说："等你长大以后自然会明白。"长大以后，主理人才明白，爷爷坚守的是一份祖祖辈辈流传下来的炒茶工艺。

读书毕业后，因为从小接触茶，也爱茶，主理人开始制茶卖茶，传承了爷爷及父辈的制茶理念和匠心。多数时间，她选择在村里学习如何做好一款六堡茶，一有时间就到农户家去收茶，向他们学习制茶经验。她把六堡茶分享给更多的茶友，帮助乡亲们找到"一片叶子"的幸福。

爷爷当时种下的老茶树如今比人还高，需要爬上去才能采摘，每年只能制出十几斤干茶，这成为主理人异常珍贵的茶样。她常常按照爷爷常说的"都是乡里乡亲、能帮就帮"的传统美德，坚守做茶的初心和原则，做好六堡茶，坚持把好茶分享出去。

18. 得月铭茶茶室

得月铭茶茶室位于上海市嘉定区丰庄茶城内，是由一位广西梧州女子开设的六堡茶馆。茶馆取名为"得月"，来自宋代苏麟《断句》中的"近水楼台先得月，向阳花木易为春"。

"90后"的梧州姑娘何晓丽从广西大山来到上海发展。沪漂7年，她选择创办一家六堡茶馆，把家乡的历史名茶六堡茶带到上海。何晓丽的第一份茶艺师工作是在上海杨姐的工作室。后来，她在上海大众茶馆以及一些私人会所担任茶艺师。她的最后一份工作，是在上海三大寺院之一的玉佛禅寺寺院"指月禅茶"茶馆工作。两年的寺

得月铭茶茶室

院茶馆工作生活，让何晓丽对禅茶一味有了更深刻的理解。

有了一定工作经历的何晓丽后来开设了得月铭茶茶室。对于茶，何晓丽觉得是人人都喝得起、人人都爱喝的中国传统健康茶饮，它不分年龄，不分性别，不分国籍。日常饮茶，不仅是作为解渴、社交的方式，更是作为在国际大都市里人们的精神支柱之一。

上海是国际大都市，但很多茶友都没喝过甚至没有听说过六堡茶。何晓丽喜欢中国六大茶类，尤喜欢喝家乡特产六堡茶。原因不仅是因为六堡茶茶性温和，适合亚健康体质人群饮用，还因她从小就开始饮用，六堡茶是刻入她骨子里的一份情感。

上海梅雨季节长，湿气重，六堡茶祛湿功效好，受到上海茶友的喜欢。上海的冬季寒冷，喝几杯六堡茶全身发热，周身通透。为了让更多的上海朋友爱喝六堡茶，何晓丽开始了她的创业茶之路。她秉承着自己一直坚守的一句话："缓慢而坚定地做当下能做的事情。"前期的工作重点是分享。踩在时代的风轮上，她开始做小视频的分享。她首先给自己定一个小目标，拍 60 期，话题为"寻找 60 位上海朋友泡六堡茶"，茶友的职业身份不限，目的为传播六堡茶文化，让更多的上海朋友爱上喝上家乡特产六堡茶。

把茶当作自己的终身事业的何晓丽，在茶路上乐此不疲。

19. 三鹤草木中茶舍

　　三鹤草木中茶舍，创办于 2022 年。茶舍是由创办人何志强将梧州茶厂内的三室一厅宿舍改造而成，简约而不简单，兼具品茶交流、经典茶展示、茶叶仓储等功能。

　　茶舍取名"三鹤草木中茶舍"，表明创办人对"三鹤"六堡茶的推崇，以及对自然、健康、休闲生活方式的向往与追求。"我们曾如此渴望命运的波澜，到最后才发现，人生最曼妙的风景，竟是内心的淡定与从容。"

三鹤草木中茶舍

茶舍在弘扬茶文化方面，具有三大优势。一是身份优势，何志强耕耘六堡茶产业三十余年，长期在梧州茶厂从事质量管理和专业技术工作，是六堡茶领域具有影响力的企业家，有讲好三鹤故事的优势；二是地理优势，茶舍位于梧州市珠山脚的"风水宝地"——梧州茶厂内，方便各地寻味三鹤六堡茶的茶友光临惠顾，共品茶香茶韵；三是茶品优势，茶舍存茶环境好、茶品经典，既有五年以上的中期茶，也有十年以上的较老茶，可满足不同层次消费者的需求。

茶舍以茶会友，以和为贵，践行"让六堡茶成为壮美广西文化符号"的使命。茶舍以传承茶文化为己任，编印《草木中茶舍文选》《三鹤草木中茶舍文选》等文选10期，并赠送给梧州市图书馆和来访的领导嘉宾，以弘扬六堡茶文化；以接待茶友为职能，在品茶交流中讲好三鹤故事，让更多的人知茶爱茶，了解三鹤六堡茶的品质特色和文化气质；以互利共赢为理念，将"绿色、健康、好喝、经典"的三鹤六堡茶分享给茶友，满足不同层次消费者需求，共品茶香茶韵，共享美好生活。

草木茶舍品三鹤，茶缘人生乐无穷。寻茶不需去远方，这里就是好地方。

20. 桂之香非遗沉香体验馆

沉香，是一类特殊的香树"结"出的混合油脂成分和木质成分的固态凝聚物，香品高雅，十分难得，自古以来被列为众香之首。

中国香文化历史悠久，起源于秦汉，盛于唐宋。沉香文化是中华民族的优秀传统文化，古时常说的"沉檀龙麝"之"沉"指的就是沉香。沉香除用于祭祀佛礼外，还广泛地运用日常生活中，有净化空气、缓解压力、安神助眠、增强记忆之效，也是人们读书、品茶、瑜伽、气功时使用的佳品。

桂之香非遗沉香体验馆位于美丽的南宁市双拥路南湖名都，是一家由自治区非物质文化遗产北流沉香线香制作技艺代表性传承人韦志雄开设的，以名香（北流沉香）、

桂之香非遗沉香体验馆

名茶（六堡茶）和名器（北流瓷）为主打造的健康生活型文化体验馆。

自古以来，茶、香如影随形。香道中有独特的茶香，茶香中也蕴涵着香道。

"品茶最是清事，若无好香佳炉，遂乏一段幽越；焚香雅有逸韵，若无名茶浮碗，终少一番胜缘。故茶、香两相为用，缺一不可。飨清福者能有几人。"这是明朝徐惟起的《茗谭》中的诗句，谈到了品茶与焚香相得益彰。

到"桂之香"品六堡、闻香、赏器，感受身心的清静和神奇的茶香之旅，不亦乐乎。

21. 茶生海海茶道文化空间

茶生海海茶道文化空间，创建于 2000 年，前身为北海双金天龙茶业。茶馆位于广西北海市广东路恒昌商业广场，是一家以中国茶道文化元素为主题的新中式茶道文化体验馆。

馆主钟安邦对于茶的钟情，源自小时候对中国功夫茶道的向往。或许是因人生中的重大事件都与茶有关，茶道对于他而言，更像是人生的真实分享。馆主勤于学习，曾担任国家人力资源和社会保障部中国茶艺实训指导班第一期班长。他长期行走于国

茶生海海茶道文化空间

内茶山，遍访茶农、资深茶人、藏茶大家，到各地茶空间、高等学府学习，遍访名师，其中包括著名茶学专家刘仲华、王岳飞，和静茶修学堂创始人王琼，人文茶道创始人王迎新，中国白茶大师吴锡端，滇红非遗传承人张成仁，潮州单丛叶丛嘉，台湾茶艺大师范增平，云南茶科所何青元，中国古茶树研究专家虞富莲，茶丹青非遗传承人章志峰，北京茶人王刚，杭州茶叶研院张士康等。馆主是将潮州、台湾、福建功夫茶道、和静茶修申时茶、新加坡留香茶艺、素业茶酒茶道融合，自然成茶道。

茶馆的二楼，设有可同时对比展示宋代点茶、日本茶道、中国茶道三种茶道文化的茶空间。中国是茶的故乡，这里可以用直观的茶空间解读日本茶道源于中国唐宋时期，传播正确的中国茶道文化，呈现出古典之美。

茶馆内有干仓普洱茶，白茶，广西六堡茶，以纯净、超然的茶品风格独具特色。钟安邦对于六堡茶的热爱，据他说，是在陪伴父亲就医茫然时，一道干仓纯净的60年代传统工艺六堡茶，颠覆了他对六堡茶的认知和理解，同时，也超乎了他对六堡茶物质层面的感觉。那种感觉，是直达灵魂深处，用一切美好言语难以表达的，只能用超然、超乎物质层面来形容。

人生海海，潮落潮起。行至水穷处，坐看云起时。在绝望中诞生的幸运，是面对低谷、坎坷、苦难时的勇气。人生路上，茶生海海，永不放弃。这是钟安邦习茶的初心。

22.种茶伯六堡茶南宁旗舰店

种茶伯六堡茶南宁旗舰店，创建于2022年5月，是梧州市山农茶业有限公司旗下品牌"种茶伯"六堡茶在南宁市的窗口和展示平台。茶馆位于南宁市核心地带青秀区英华路盛天青山郡，是一家以中国传统茶文化元素为主题的清代中式茶道文化体验馆。

馆主忠林对于六堡茶的情结，源于13年前到梧州出差的一次经历。初次接触梧州六堡茶他就深深地爱上这片神奇的东方树叶。由此，六堡茶改变了忠林的生活方式，他在公司创始人陈理的带领下不断习茶，从六堡茶的收藏爱好者转变为茶文化的传播者与践行者。

后疫情时代，健康生活方式让更多的人喜欢上六堡茶。茶乃国饮，品饮六堡茶是祖先们在1500年的生产生活中总结和积累下来的健康生活方式。为贯彻学习党的二十大精神，茶馆积极努力响应习总书记的叮嘱：把六堡茶做大做强，始终坚持品质至上，坚信好茶源于大自然的问候，不断提升服务意识，做六堡茶文化的守护者与传播者。同时，守正创新，遵循古法，提升品质，通过以茶会友，把六堡茶可泡、可焖、可煮的特性延伸到日常的每次品茶交流过程中进行分享及推广。讲好六堡茶故事，泡好一杯六堡茶，是茶馆的使命与宗旨。

为适应市场需要，馆主积极变革与创新营销服务方式，在保证茶品质量的同时，根据消费者的不同需求，将主营范围拓展为自喝送礼、单位采购、茶礼定制、收藏品鉴等方面。茶馆不断发展完善和丰富服务功能，设有不同风格的包间、小型会议室，是日常商务谈判、团队会议、休闲娱乐会友的好去处。同时，茶馆配有高级茶艺师、中级茶艺师，以提升服务质量与水平。

茶馆特别注重广西本土两大非物质文化遗产项目：六堡茶与坭兴陶文化的完美结合，并延伸到多种形式工艺品、艺术品及收藏品，供消费者选购与定制。传播与推广六堡茶、坭兴陶文化，成为茶馆前行的动力。种茶伯六堡茶，好茶源于大自然的问候，是茶人忠林习茶的初心。

种茶伯六堡茶南宁旗舰店

23. 钦陶居

钦陶居位于南宁青秀山脚下的如意坊，主理人为中华茶器制作大师、广西工艺美术大师、首届广西陶瓷艺术大师、南宁茶业商会会长黄盈。

因酷爱陶艺，黄盈考取了江西省陶瓷工艺美院。1992年毕业后分配到钦州坭兴厂工艺研究所工作，由一名大学生逐步成长为广西工艺美术大师、中华茶器制作大师。

尽管在陶艺上取得辉煌成就，黄盈仍然不忘学习。她积极到河北美术学院、郑州轻工业学院、中国艺术研究院紫砂研究院学习，还到台湾、佛山、宜兴、德化、河南等陶瓷产地进行考察交流，不断提升自己的陶艺水平。她勤于创作精品，坚持每年参展，均获得大奖。其作品"韵·风情""四神壶组""龙凤大挂碟""唐风雅韵壶组""江山如画之四大名楼""龙凤对瓶"等获得国家级金奖；"乡情""雀韵壶"被美国凤凰城天堂谷学院永久收藏。

广泛的学习与交流，让黄盈的陶艺作品集百家之长，呈现多元化，形成自己独特

钦陶居

的风格：她的作品，既结合当地的风土人情，又融合海外风情元素；她注重对市场的调研，根据市场的需求设计产品，市场认可度高。

　　如今，黄盈打造出 "匠器坭兴" "钦陶居" "钦陶" 三大品牌，已成为坭兴陶界的知名品牌。"匠器坭兴"，主打年轻化，追求古朴、自然、简单；"钦陶居"，主打大师精品；"钦陶"，主打实惠款。各品牌产品深受顾客的喜爱。在西安、北京、重庆 、宁波、太原等地，甚至俄罗斯、日本、英国等国，都有这些品牌的运营中心、直营店或专柜。

　　一方水土养一方物 ，八桂大地孕育出六堡茶和坭兴陶两宝。如何使坭兴陶与六堡茶做到最好的结合，黄盈有了多年的实践心得：根据茶叶的年份、工艺、等级来设计茶壶的款式。身高、口宽的坭兴壶，适合泡饮六堡陈茶；如为女士使用，就要设计精致小品壶；如果泡饮级别高的六堡茶，就要设计网球口的坭兴壶。最好做到一壶泡一茶，以保持茶的原味。

24.桂璟斋

桂璟斋，创立于2011年，是一家专注于寻找六堡至味的茶馆。是故，桂璟斋成为一帮六堡老"茶骨"的聚集地，既把品饮六堡茶本身之质作为寻味标准，亦注重钻研六堡茶冲泡器具，挖掘六堡茶健康价值，以期为往来的六堡茶客寻找心中六堡至味。

心之所向即为景。桂璟斋立足广西本土专研六堡茶。自建馆以来不断甄选传统工艺六堡老茶，按照"红、浓、陈、醇"的品质标准，寻找收集茶性温和、喝起来柔和温暖的六堡茶，同时精选具有转化价值的现代工艺六堡茶进行收藏。无论传统工艺六堡茶还是现代工艺六堡茶，都需要在漫长的存放中才能形成"越陈越香"的古感风韵。桂璟斋正是秉持着心中那份对陈香陈韵的追求，以期在漫长的等待中寻找人和茶可遇不可求的缘分。

茶器融合品六堡。六堡茶"红、浓、陈、醇"的品质标准和紫砂的"料、工、神、

桂璟斋

韵"殊途同归。为了能冲泡出六堡茶至味，桂璟斋与丁亦琴、史丹雄等紫砂名家合作，探索创造适合冲泡六堡茶的紫砂壶，让六堡茶的岁月奇味与紫砂壶的千年风范完美融合，让好茶配好器、好器衬香茶。

陈茶为药可养身。六堡茶的保健功效和香气让人着迷，六堡老茶的口感耐人寻味，既温身暖胃又怡情养性。桂璟斋依托六堡茶大健康价值，注重茶底，精选内含物丰富的六堡茶；同时立足于六堡茶的降血压、降胆固醇等作用，不断挖掘六堡茶保命（生命）、保康（健康）、保寿（长寿）、保食（健胃消滞）、保瘦（瘦身）、保颜（美容养颜）的神奇保健功效。桂璟斋以宣传六堡茶的"六保"作用为己任，致力于开发多款适合养生、美容、健体的六堡茶。

六堡老茶韵，一品暖阳生。流金的岁月分化出不同香气及韵味的六堡茶，这是大自然对人类的恩赐。桂璟斋始终坚守、保护着这一份美好，在光阴的变迁中不断挖掘六堡茶的养生底蕴，以弘扬广西六堡茶的文化自信和品牌自信为己任，争做六堡茶宣传和推广的桥头堡。

25. 德茗六堡茶馆

茶作为国饮，在中国人文文化里，素有"以茶会友"的传统生活方式。在现代社会生活中，这种喝茶交友的方式依旧盛行。

与朋友饮茶品茗，不仅是一种社交方式，更是一种精神文化交流。喝茶交友，对于爱好品茶的人来说，更是一件十分快乐的事情。分享好茶，从品茶过程中学到茶文化知识，增进人与人之间的情感交流，对人生有更深一层的感悟，是一种高雅而又充满情趣的精神享受。

茶在于品，人在于德。德茗六堡茶馆是梧州市一个隐藏于闹市中的小茶室，茶室布置，中式雅致，别具一格，中堂呈家庭氛围，舒适悠然，是一个可以静心品茶的地方。品茗时，静心凝神，陶情雅致，去除杂念，放下生活琐事，偷得浮生半日闲。品味到茶的香气和滋味，在轻松愉快的氛围中，以茶会友，敞开心扉，增进关系，结下友谊。

古有"琴棋书画诗酒茶"之雅兴，茗茶与书画的联系有着共同的审美理想、审美趣味和艺术特性。在德茗六堡茶馆里，设有书房，在这里品六堡，不仅仅可以体验茶文化，还可以抒情挥毫。茗茶能触发书画家创作的激情，提高创作的效果。这样喝茶品茗，不仅可以增进友谊，还可以美心修德，学习礼法、领略传统美德。

德茗六堡茶馆

1.广西茶叶博物馆

广西茶叶博物馆，位于广西南宁市江南区明阳大道广西职业技术学院内，总占地面积约 3000 平方米，是一座以茶和茶文化为主题的专题博物馆；同时，也是广西职业技术学院打造 AAAA 级教育旅游景区与"大茶博"的重要组成部分。博物馆于 2022 年 5 月正式建成开馆。

广西茶叶博物馆目前建设有茗盛馆、茗韵馆、茗萃馆、世界茶文化长廊四个主要展区和六大主题展厅。其中，茗盛馆设有知茶厅、坭兴陶展厅；茗韵馆设有广西六堡茶展厅、广西茉莉花茶展厅；茗萃馆设有云览厅及茶文化分享空间。博物馆多方位、多层次、体验式地展示了茶的悠久历史、灿烂文化、丰富种类、传承发展等内容。

博物馆馆藏包含中国名茶、广西名茶、广西钦州坭兴陶名家名作、广西六堡茶百年茶化石、传统六堡茶制茶器具、广西六堡茶九大非遗传承人手工制茶、广西茉莉花茶非遗传承人手工制茶等上百件展品，是集文化展示、科普宣传、科学研究、学术交流、互动体验及品茗、会务、休闲等服务功能于一体的综合展示交流中心。

"广西茶叶博物馆"馆名由中国工程院院士刘仲华题写。作为全国茶叶博物馆群的重要组成部分，广西茶叶博物馆在展现广西茶叶发展历史的同时，着重推广广西茶品牌，强调广西特色及民族文化，弘扬非遗传统文化。博物馆以广西六堡茶、广西茉莉花茶、广西坭兴陶为代表，围绕"茶文化、茶产业、茶科技"三个方面着重陈列展示，突出茶叶在乡村振兴、促进广西经济社会发展方面的贡献。

作为全国茶产业科普研学在广西的重要组成部分，同时也是广西职业技术学院打造 AAAA 景区与"大茶博"的重要组成部分，广西茶叶博物馆结合学院茶叶专业特点，实现茶叶种植培育、茶叶生产加工、茶文化交流、品茗互动、休闲观光等一系列特色项目综合体验，一览十景相连，打造全国性的茶文化生态重地。

　　广西茶叶博物馆利用互联网与数字化陈列展示等科技手段，将信息化建设作为重点，使用折幕3D投影、雷达互动沉浸式投影、3D红外触控互动、双屏触控互动等手段，并运用"互联网+"思维，实现数字化一馆联百馆；"绘制"数字化广西茶叶地图，多元化展示广西茶叶文化发展及茶叶产业发展助力广西经济社会发展的成果。

广西茶业博物馆

2. 梧州市六堡茶文化展示馆

梧州市六堡茶文化展示馆，位于梧州市文化中心二楼，总面积约4000平方米，2016年12月开始筹建，于2017年10月开馆运营，是梧州首家以茶文化展示、茶品展销、休闲体验为一体的公益性六堡茶文化展示馆。

梧州六堡茶文化展示馆分为三馆一区，即六堡茶博物馆、六堡茶数字化可视馆、六堡茶演艺馆及商务办公区。馆内陈列有中国茶文化简史、六堡茶产业发展简介和传统手工艺制作器具及各式六堡茶经典产品。馆内可以感受到中国茶文化的源远流长、博大精深，还可以体验六堡茶传统工艺制作及免费品鉴具有"红、浓、陈、醇"特色的中国名茶——六堡茶。

梧州市六堡茶文化展示馆

3. 广西名片茶书馆

广西名片茶书馆，位于广西南宁市青秀区青秀万达银座15楼广西文化产业协会，于2022年10月建成，是广西首家打造珍藏广西六堡茶、钦州坭兴陶、北流瓷的茶书馆。

馆内藏有较为系统完整的研究六堡茶、坭兴陶、北流瓷以及茶与器的文化书籍；馆藏的坭兴陶为清代、民国、20世纪50年代到80年代，以及现代广西工艺美术大师的作品；馆藏的北流瓷为宋代、民国、现代国礼瓷以及国外皇家用瓷；馆藏的六堡茶主要是187个非物质文化遗产六堡茶制作技艺传承人的茶样，以及部分有代表性的厂家茶。

六堡茶至今有1500多年历史，坭兴陶有1400多年历史，北流瓷有3000多年历史。六堡茶在历史上就以"外销茶"为名，坭兴陶在历史上，特别是在20世纪50年代到80年代以出口闻名，北流瓷至今90%在海外销售。管内陈列的作品，既是千年文化的遇见，是非遗文化的再现，也是海丝路文化的重要组成部分；是广西三张文化名片的对话，也是中国、世界文化名片和文化符号的呈现。

一件器物，讲述一个故事。馆里珍藏的每一件坭兴陶、北流瓷，都具有代表性。在茶书馆，人们可以从一件作品，了解一个朝代广西陶瓷器物的历史、文化和工艺水平。

一款经典，凝聚匠人一生的情怀与坚守。馆里展示的187个六堡茶非遗传承人的代表性作品，品尝这些作品，可以领略每个传承人的工艺特点。这些经典茶品变幻莫测的香型和口感，会让茶友回味无穷。

在馆内，可以听到《我在六堡等你来》《醉人千年》《坭兴之韵》《圭江映瓷》等关于六堡茶、坭兴陶、北流瓷的优美旋律；品到六堡茶的"红、浓、陈、醇"四绝美味；触摸到坭兴陶、北流瓷肌肤般的美感；连馆内灯具的布置，也均为非遗产品。这让观者沉浸式体验到充满神奇魅力的味觉之美、视觉之

美、触觉之美、听觉之美和意境之美。"春风十里不如坭,醉卧六堡韵飘香。"清茶一杯,手捧一卷,操持雅好,神游物外。正所谓品茶品器品百味。

同时,茶书馆引进了高科技的智能声光技术与茶文化、茶意境相结合,打造不一样的高科技茶文化体验;还引进了高品质的沉香文化,让来访者体验不一样的香道文化。

这是一个可以喝的、可以看的,值得探访与品读的茶与器文化艺术馆。

4. 茶廉印象

广西南宁市江南区廉洁文化教育基地——茶廉印象，位于南宁市江南区金砖茶城内，室内展馆面积800平方米。整个基地以"爷爷与孙女谈论中国博大精深茶文化"的故事情节为主展线，以茶的成长历程与秉性为辅展线，分为"茶韵江南（序厅）、植茶生廉、饮茶养廉、品茶悟廉、论茶弘廉和人生如茶（尾厅）"六大部分，形成完整的参观路线，一气呵成，引发观众对人生的思考。走廉洁之路，思无悔人生。

茶廉印象，是江南区纪委监委结合江南区地域文化特色，探索廉洁教育新模式，依托"茶为引强身健体 廉为基正气浩然"的深刻内涵，将中国传统优秀茶文化与廉洁教育相结合，以茶明廉、以茶敬廉、以茶促廉，精心打造"茶廉相融，浑然一体"的廉洁文化品牌，着力营造崇廉、亲廉、守廉的特色廉政文化；特别是将广西的茶文化名片六堡茶作为场馆廉政文化建设的丰富与提升，进一步拓展茶与民生、茶与乡村振兴的内涵。

茶廉印象是一个反腐倡廉教育、爱国主义教育、群众精神文明建设的综合场所和弘扬时代主旋律的思想阵地。其面向社会公众开放，宣传普及廉洁理念，探索将单一的政府廉政文化向多元的群众廉洁文化拓展与延伸，在全社会营造浓厚的廉洁文化氛围。

第十一章

茶教育

一、学校

1. 广西职业技术学院

广西职业技术学院茶叶专业前身为广西农学院热带作物分院 1977 年开设的茶学本科专业，已有 40 多年的办学历史，经历了广西农学院热带作物分院本科茶学专业、广西农垦职工大学（成人）茶叶专科、广西农工商职业大学（普高）茶叶专科、广西职业技术学院（普高）茶树栽培与茶叶加工等阶段。近年来，专业建设与教学改革取得丰硕成果，先后获得教育部现代学徒制试点专业、国家"双高"专业群建设龙头专业、广西高校优质专业、广西高校特色专业、自治区级示范特色专业及实训基地等荣誉。目前，该专业专任教师有 24 人，其中高级职称教师 12 人，占 50%，正高职称 5 人；具有硕士以上学历 16 人，占 66%，其中博士 4 人；具有双师素质的"双师型"教师 22 人，占 91%。从行业、企业聘请有一定理论水平和丰富实践经验的行业专家、技术骨干担任、兼任兼职教师数达 16 人。教学团队 1 人荣获"全国优秀教师"、1 人荣获"中华优秀茶教师"称号。教学团队荣获国家首批课程思政示范课团队、3 人荣获教学名师荣誉、取得"广西高等学校高水平创新团队——茶叶产业化发展科技创新团队"称号，主编或参编茶叶专著及教材 19 部。茶叶专业（含茶叶生产与加工技术、茶艺与茶文化两个高职高专专业）在校生已突破 500 人，与贺州学院联合举办的产教融合应用型茶学职业教育本科在校生人数达 96 人，在校生规模位列全国同类专业前茅。学院建成具有区域特色的茶叶全产业链的"生态智能化种植推广茶园""现代制茶工程中心""茶叶质量安全与检测中心""茶叶精深加工中心""茶艺茶文化体验中心""广西茶叶博物馆""制茶技艺传承大师工作室""茶叶品牌策划与包装设计中心""茶叶电子商务运营中心建设""茶旅文创设计中心建设"等10个融"教学生产、创业创新、竞赛鉴定、研发服务"于一体的实训基地，实现开放、共享、服务功能。通过服务人才培养过程的创新创业教育，为学生打造"茶园＋茶厂＋茶馆"的茶产业链且真实经营的"三茶三产"创新创业环境。

广西职业技术学院

2. 梧州学院

梧州学院为响应服务地区经济发展的号召，于 2017 年 9 月开设了茶学专业，是广西高校中最早开设此专业的本科院校之一。2020 年 9 月，梧州学院与广西职业技术学院联合办学，开始招收茶学专升本学生。梧州学院在化学工程与资源再利用学院的基础上，于 2021 年 9 月将茶学、食品科学与工程、制药工程三个专业组建成专业群，成立食品与制药工程学院（六堡茶现代产业学院）。2021 年 9 月，六堡茶现代产业学院被确定为广西普通本科高校示范性现代产业学院。目前，六堡茶产业学院有教职员工 37 人，其中，具有副高以上职称的 20 人，具有博士学位的 10 人。现有在校大学生 977 人，其中，茶学专业 212 人，食品专业 175 人，制药工程专业 590 人。

梧州学院

3. 贺州学院

贺州学院食品与生物工程学院，是贺州学院最早招收本科专业的院系之一，该学院前身是梧州地区八步师范学校化学教学科。1977 年开始招收 3 年制大专生；1993 年成立生化系；2006 年更名为化学与生物工程系并开始招收本科生；2012 年成立化学与生物工程学院；2015 年成立食品科学与工程技术研究院；2016 年 12 月由原化学与生物工程学院部分专业更名组建成为食品与生物工程学院；2019 年与广西贺州市正丰现代农业股份有限公司共同组建正丰生态农业学院。如今，食品与生物工程学院、食品科学与工程技术研究院与正丰生态农业学院已合署办公。该院茶学专业为广西高校最早招收学生的茶学本科专业。目前，学院开设一门"广西特色茶"课程，教授六堡茶制作方法。

贺州学院

4. 苍梧县中等专业学校

苍梧县中等专业学校成立于1985年。为加快职业教育发展，苍梧县2007年9月投入5000多万元整体收购一所民办学校创建县职教中心，并用作苍梧县中等专业学校的办学场所。目前，学校占地面积112亩，有专任教师176人，专业课教师145人，"双师型"教师91人，全日制在校生6105人；开设有茶叶生产与加工、果蔬花卉生产技术等12个专业；是自治区示范性学校，2014年全区15个优秀县级中等专业学校之一，"5A平安校园"，被认定为三星级中等职业学校。校内有实训室6000多平方米。学校于2008年9月开设茶叶生产与加工专业，2018年加入以广西职业技术学院为首的广西茶叶职业教育集团，参与编写5本茶叶专业教材。

苍梧县中等专业学校

5. 柳州市第二职业技术学校

茶叶生产与加工是柳州市第二职业技术学校的重点建设专业之一，也是柳州市唯一的茶类专业。

自 2008 年 4 月开设茶叶生产与加工专业以来，学校依托广西茶产业，以培养"面向市场、面向茶行业，培养茶叶加工、茶品营销、茶艺冲泡服务、涉及茶文化及茶产业经营管理的技术技能型人才"为目标，相继为广西茶产业输送人才百余人。

学校专业师资雄厚，现有专业教师 10 余人，教师教学、科研及实践能力突出，获得自治区教学成果一等奖 1 项；指导学生参加自治区级、市级各类制茶、茶艺比赛，获奖 20 余项。教学设施设备完善，现有 300 平方米茶艺实训室 2 个、150 平方米茶

柳州市第二职业技术学校

叶审评室 1 个、155 平方米茶叶加工实训室 1 个、150 平方米茶品直播室 1 个、校外实训基地 5 个。2021 年 2 月，柳州市第二职业技术学校与广西职业技术学院联合办学，教学质量得到进一步提升。目前，学校在广西大力发展六堡茶产业的背景下，积极开展"六堡茶文化进校园"活动，并多次到梧州市苍梧县六堡镇开展六堡茶溯源活动，在实践中浸润茶文化，重塑文化自信。

//////////////

6. 广西来宾市飞龙小学

广西来宾市飞龙小学是一所公立学校，创建于 2016 年 4 月 1 日，2016 年 9 月开始招生。2023 年秋季学期有在校学生 2339 人，专任教师 120 人。现已有 15 名教师获得茶艺师资格证。

学校采取动静结合，形成"以武术、足球为动，以茶艺为静"的办学特色。学校紧紧围绕党的教育大政方针，以习近平新时代中国特色社会主义思想为指导，在传播茶文化时，融入国学礼仪、为人处世之道，经过多年实践，通过种茶、学茶、研茶、制茶、品茶、悟茶等一系列活动，让教师在学习茶文化中，悟教书育人之道，悟学生的管理之法；让学生在学茶文化中，增强实操能力，提高创新能力，养成专注的学习力。学校在培养学生熟练掌握学校自主品牌"桂飞龙"六堡茶的制作工艺、冲泡方法、存储方式、表演技巧的同时，培养师生的文化自信和爱国情怀，弘扬国粹，传承国学经典文化；既丰富了师生的第二课堂和课余文化生活，又树立了民族自信心，全面推进素质教育，促进壮乡民族教育的发展，有机地将民族文化和传统文化深度融合并不断发扬光大。

广西来宾市飞龙小学

二、培训机构

1. 覃聪聪茶修

覃聪聪茶修团队，拥有国家级技能大师1人、南宁市技能大师1人、全国技术能手2人、广西技术能手7人、广东技术能手2人。团队核心成员：覃聪聪荣获全国技术能手；覃荟茗获两次广西技术能手、南宁市首席技师、广西五一劳动奖章、中华茶奥会冠军；覃友获广西技术能手、广东技术能手、广西五一劳动奖章；欧新声获全国技术能手、广西五一劳动奖章；刘望获广东省技术能手；陈碧璇获广西技术能手、东盟茶仙子冠军；蓝官颖获广西技术能手；钟佩芝获广西技术能手；谢雨丝获梧州市技术能手、全球功夫茶大赛十佳茶艺师。团队成员不仅可以用中文进行沟通与传播茶文化，还可以使用英语、日语、泰语等相关语言进行外事服务。

团队技能专业，服务出色，多次应邀接待服务国家领导、东盟十国元首，得到国内外嘉宾一致好评；多次为银行、酒店等企事业单位进行茶会培训，传授茶道的和静怡真精神，提高茶艺冲泡品鉴技能。

覃聪聪茶修团队以茶艺师培训、评茶员培训、高档六堡茶品鉴、六堡茶冲泡技能、茶会活动策划、茶产品营销等为主要内容。目前，其茶室有6个茶空间，团队有20位优秀茶师，在传播茶文化，弘扬广西茶，特别是广西六堡茶方面，能做到专业甄选好茶，匠心泡好每一杯。

覃聪聪茶修

2. 芳君默茶工作室

南宁市芳君默茶工作室，创办于 2015 年 8 月，初衷在于对中国茶文化的传承和发扬。工作室致力于研修中国茶技艺及茶文化，发扬"和、静、怡、真"的中国茶道精神，建立专业的茶技艺及茶文化培训平台；以茶通六艺为契合点，倡导传承发扬"琴、棋、书、画、诗、歌、茶"的中国传统技艺与文化。芳君默茶工作室于 2016 年 9 月正式成为广西农业职业技术学院商贸管理与外语系举行校外合作实训基地并举行挂牌仪式；2019 年 4 月正式入驻学院农源易购农产品营销实训创业中心。

芳君默茶寓意为"芳若芙蕖、君从儒礼、默语思道、茶以清心"。"芳若芙蕖"，即以"和"为核心的茶道精神，若芙蕖的宽和博大，禅心净澈，茶叶的芳香雅韵，气韵天成；"君从儒礼"，即君子之度，识礼，习艺、扬文、入世；"默语思道"，即君子之道，或默或语；"茶以清心"，即茶之天涵、地蕴、人育的灵芽，以药用为始，以养生传播，以修身清心。

工作室开展的项目包括茶技艺（茶艺师、评茶员、茶专题品鉴）培训、少儿茶艺培训、传统文化雅集茶事活动、企业茶事活动主持与策划等。

芳君默茶工作室创办人刘芳毕业于浙江大学茶学系茶学专业，她是高校中级"双师型"教师，国家一级茶艺技师，国家一级评茶师，国家职业技能（茶艺师）竞赛裁判员，茶艺师、评茶员职业技能考核鉴定高级考评员，国家中级插花师，现任广西老年大学茶艺教师，广西农业职业技术学院外聘茶艺教师、茶艺社企业指导老师，广西民族大学格茗茶艺社校外指导老师，南宁市妇女儿童活动中心茶艺表演队培训指导老师，广西绿城南方培训学校特聘茶艺培训老师，南宁市民乐小学、柳沙学校茶艺社培训老师。

二十多年来，刘芳从事茶叶加工、茶叶销售、茶艺馆经营管理，茶艺师职业技能培训、茶事活动策划和组织等工作，任经理、培训主任、创办人等职务。出版有《茶艺师》一书。

2006 年至今，芳君默茶工作室多次指导中、高等职业院校教师及学生在市级、自治区级以及国家级茶艺大赛和评茶员大赛中获得优异的成绩；多次在茶艺大赛和评茶员大赛中担任裁判长；多次策划、组织、举办以茶文化为主题的茶事活动、茶文化讲座、茶企业茶叶品鉴茶会。

芳君默茶工作室以茶文化为核心，研习茶道，静心修身，承陆羽遗风，传"廉美和敬"之茶德，这里一半是烟火，一半是诗意，倡导热爱雅俗共赏的茶生活。

芳君默茶工作室

3. 格茗茶艺社

格茗茶艺社是广西民族大学校团委领导下的文化体育类社团之一，其前身是于2016年5月由广西民族大学管理学院的党委领导和团委共同指导成立的格茗茶艺队。2017年4月，格茗茶艺队升格为校级社团——广西民族大学格茗茶艺社，由管理学院副教授、茶艺技师、茶艺实训师孙大英老师指导。格茗茶艺社自创立以来，以"学习传统精粹，弘扬茶文化"为宗旨，以"继承、发扬优秀传统文化，让茶文化走进校园"为目标，积极发挥传播传统文化的作用。经过多年的发展，茶艺社有在校会员近700人，已发展成为广西民族大学影响力较大的学生社团之一。

为充分发挥格茗茶艺社的社会价值和文化传播功能，2018年，格茗茶艺社正式进驻广西民族大学文科综合实训楼茶文化与礼仪实训室，并承担茶艺室日常管理和运营工作，搭建起一个供全校师生开展茶文化交流和传播活动的文化空间。

随着广西民族大学武鸣校区投入使用，2021年9月，格茗茶艺社武鸣校区分社也随之成立。目前会员人数已超过200人，且还在快速增长。

格茗茶艺社成立以来，举办了许多大型文化活动，包括每年一次的"全民饮茶日""重阳节敬老茶会"，还邀请校外专家学者到茶艺社做专题讲座，举行书法和国画艺术家进校园，组织社员前往茶山体验采茶制茶等活动，努力践行弘扬优秀传统文化，以实现"茶和天下"的文化魅力。

自2016年起，格茗茶艺社开始协助孙大英老师开展接待活动，向外国访学团学员、留学生等群体展示中国茶文化。

格茗茶艺社不断发展，培养出许多优秀的茶艺师和茶文化传承者。2016年，格茗茶艺社参加由广西壮族自治区人力资源和社会保障局与广西茶叶学会共同举办的"圆通禅舍杯"茶艺比赛（国赛预选赛），获团体银奖。

格茗茶艺社

4. 无味茶文化习茶工作室

真水无香，真源无味，无味亦至味。

广西无味茶文化传播有限公司创始人李凤鸣于 2010 年开始经营和收藏广西六堡茶，对六堡茶有着独到的见解，并一直致力于六堡茶文化推广、六堡茶销售、茶学培训、茶会活动策划等。因此，无味茶文化习茶工作室应运而生。

无味茶文化习茶工作室是以茶学培训为主，辅以传播中国茶文化、茶产区研学、六堡茶私教课、六堡茶文化推广等等；在这里不仅能提升对茶汤的鉴赏水平，还能全面系统学习六堡茶专业知识，了解六堡茶核心魅力，真正可以做到对六堡茶识茶、鉴茶、泡茶一站通。

工作室重点打造精品课程内容，以科学的态度从新颖的角度、多维度讲解茶学课程；专注六堡茶冲泡技艺——看茶泡茶；关注人、茶、水、器之间的相生相长。

工作室会根据学员自身情况灵活定制私人习茶课程，让学员快速掌握品茶、辨茶、泡茶诀窍，通过习茶将一杯茶的智慧融入生活中。

工作室讲师团队主要理念为坚持以科学的态度解读茶，帮助学员从"经验思维"转变成"科学思维"，理性认识茶叶的科学品质，学会拨开纷扰的"传说"迷雾，建立系统的茶学认知。

工作室每位茶课讲师均具备扎实的理论知识、丰富的实操经验，能够在讲台上、茶席间自如笃定地分享知识、教导技能。

无味茶文化习茶工作室

5. 柳州市锲茶茶生活研修学堂

柳州市锲茶茶生活研修学堂始创于2020 年。成立之初，创始人、广西技术能手陆朵岑秉承"以茶为媒、品茶会友"的宗旨，以传播茶文化为己任，以发展技能培训为目标，矢志不渝潜心教学，经过数年不懈努力，现在拥有专业的茶艺教室、评茶教室和茶空间共 300 余平方米。

研修学堂自成立以来，致力于传承、弘扬、发展广西茶文化，培养茶艺师、评茶员数百名，指导的学员曾荣获自治区级、市级优秀荣誉。创始人陆朵岑带领的优秀茶艺师培训团队，曾策划组织数场大型广西茶文化讲座及表演；并走进企业、学校、乡村等，向广大爱茶者展示茶艺、茶学、茶礼；还多次开展"浸润茶文化，提振家乡情"的茶旅研学活动，在实践中传达着"茶和天下、包容并蓄"的理念。

在茶行业日益兴旺的今天，柳州市锲茶茶生活研修学堂将继续深耕广西茶产业，尤其是传播和弘扬广西六堡茶文化，以科技赋能，为茶文化铸魂，在传统茶艺、新式调饮、新媒体传播等方面引爆更多交融点，助力广西茶文化传播。

柳州市锲茶茶生活研修学堂

6. 茗人堂

品茗赏文，雅聚闲堂。茗人堂坐落于广西柳州市中心驾鹤茶城，面临百里柳江，背靠马鞍山，移步百米便置江滨公园、马鞍山公园、灵泉古寺等自然景观区，山水相依，环境优美，交通便利，属鱼峰区文化产业经济带，是文人雅居的圣地，亦是外来宾客的旅游胜地。

茗人堂结合书画诗联艺术定期开设茶文化讲堂，包含人文茶艺、少儿启蒙茶艺、生活艺术茶艺等特色课程，以茶为媒授艺启智，以艺悟道养德修身。堂内常设公益品鉴会，其中六堡茶品鉴最受广大游客喜爱。

茗人堂为柳州敬茶人文化培训有限公司旗下的文化交流平台。堂内主理人黄婕，毕业于广西民族大学艺术学院视觉传达专业，现为柳州市茶业协会秘书长、中国楹联学会书画艺术委员会委员、广西楹联学会柳州书画院常务理事，长期从事茶艺培训、茶事交流策划、茶文化推广等工作，系中国茶叶学会会员、中国楹联学会会员、国家二级茶艺技师、中茶所第五届茶艺培训师资、国家少儿茶艺培训师资。

无由持一碗，寄予爱茶人。茗人堂的管理理念：不仅爱茶更要敬茶，感恩茶，习知茶，珍惜茶；不仅敬茶，还要敬茶人，敬植育、产研、商贸、修习茶之人。以艺文述茶，习茶敬人为理念，感受茶之苦，体悟茶人之乐。

茗人堂

三、实验室

杜超年六堡茶科学精准发酵重点实验室

为推动六堡茶与六堡茶文化发展，提升科技创新水平，加快产业集聚。2021 年 8 月 1 日，广西职业技术学院与广西杜超年六堡茶生物工程研究有限公司共建了杜超年六堡茶科学精准发酵重点实验室。

实验室基于校企合作和产教融合，借助校园及孵化器的文化背景，将创新、匠心、发展融为一体，旨在培养和发展广西六堡茶现代制作工艺传承人，实行校企合作与现代学徒制，加强工匠精神培育效果，为学校提供多元化教学途径。

实验室遵循广西壮族自治区"十四五"期间"三茶"统筹规划，按照"政府 + 高校 + 企业 + 孵化器"四位一体模式，全面提升广西职业技术学院学生的知识掌握度与技能水平，实现学生全方位发展；通过学徒制学习，实现六堡茶现代制作技艺新传承；深入推进校企一体化育人模式，推动学校高质量发展，为学校职业教育人才培养模式改革树标杆；提升高素质技能型人才培养质量，创新"工学结合""校企融合"人才培养模式，进一步落实高等职业教育创新发展行动计划建设。

杜超年六堡茶科学精准发酵重点实验室

第十二章
茶组织

1. 广西壮族自治区茶叶学会

广西壮族自治区茶叶学会（以下简称"广西茶业学会"）成立于 1979 年 1 月，属广西农学会的二级学会，挂靠广西壮族自治区农业农村厅，是中国茶叶学会团体会员，现有登记个人会员 850 人，团体会员 12 个。学会是由广西茶叶界科研教学、技术推广、生产销售、产业管理等方面专业技术人员以及热心茶产业的人士自愿组成的学术性、非营利性茶行业社会群团组织，在广西茶叶界具有广泛的基础，是"广西茶人之家"，是沟通政府与业界的桥梁。学会现任理事会为第九届理事会，由 2019 年 3 月第九次代表大会选举产生。目前学会由常务副会长兼秘书长黄家琪主持工作。

学会自成立以来，在行业主管部门的指导下，已连续开展了十三届"桂茶杯"名优茶叶评比；不定期开展各种学术交流、茶叶知识科普、技术培训和推广等活动；参与组织由自治区农业农村厅主办的广西春茶节、"5·21"国际茶日暨全民饮茶日、广西六堡茶品鉴会、斗茶大赛等活动；每年坚持举办广西茶行业茶艺师、评茶师、茶叶加工等技能大赛及新技术培训，为广西茶产业发展培养了大批高技能人才；协助各级政府与产业管理部门开展各类大型茶事活动，为促进广西茶产业健康发展做出了富有成效的努力。为适应发展需要，更好地承接政府转移职能，进一步健全和规范学会运行管理，推进学会发挥行业协会高效灵活服务产业发展的作用，学会建立了由广西茶叶学会、广西茶业协会、广西茶叶流通协会的"三会"联席会议机制，服务广西千亿元"桂茶"产业发展目标，推动广西茶产业高质量发展。

根据《广西壮族自治区人民政府办公厅关于促进广西茶产业高质量发展的若干意见》（桂政办发〔2019〕117 号）中关于高质量发展广西六堡茶产业的工作要求，经过自治区农业农村厅、广西茶叶学会、广西茶业协会、广西茶叶流通协会、区内骨干企业等相关单位的共同努力，在 2020 年 12 月 25 日农业农村部公布的《2020 年第二批农产品地理标志登记产品公告信息》中"广西六堡茶"正式获得国家农产品地理标志登记证书。2021 年 7 月 30 日，受自治区农业农村厅的委托，广西茶叶学会、广西茶业协会、广西茶叶流通协会在南宁国际会展中心举行"广西六堡茶"农产品地理标志首批使用单位授牌仪式暨自治区人民政府授权广西茶业协会申请登记发布会，共有 39 家企业和单位获得首批使用"广西六堡茶"农产品地理标志授牌。

2. 梧州市六堡茶研究院

梧州市六堡茶研究院成立于 2010 年，是国家现代农业产业技术体系广西茶叶创新团队梧州综合试验站的依托单位、中国茶叶学会茶叶科普教育基地，自治区特聘专家设岗单位、广西博士后创新实践基地、自治区六堡茶产业科研人才小高地建设载体。研究院现有农业科技人员 21 名，其中高级职称 5 名，中级职称 11 名；博士 1 名、硕士 6 名，人才结构合理，科研经验丰富。

研究院主要从事六堡茶品种选育、栽培技术、加工工艺、健康功能等研究。近年来，研究院承担自治区、梧州市科技项目 30 余项；发表论文 30 余篇；获得梧州市科技进步一等奖 1 项、三等奖 2 项，广西农业科学研究院科技进步奖二等奖 1 项；申请茶树植物品种权 4 个，获得专利 3 个，为六堡茶产业发展提供了强有力的科技及人才支撑。

3. 广西黑茶（六堡茶）产品质量监督检验中心

经广西壮族自治区质量技术监督局批准，广西黑茶（六堡茶）产品质量监督检验中心于 2011 年由梧州市产品质量检验所筹建，2013 年建成并通过验收，是广西壮族自治区唯一的黑茶自治区级检测中心，集监督检验、风险监控检测、标准制修订、科学研究、技术咨询、产品质量评价等多项功能为一体的国内一流的黑茶（六堡茶）产品检验和科研基地。检验中心现有办公及检测用房面积 4100 平方米，设备价值超 2000 万元，仪器设备配置的总体技术水平达到国内领先水平；具有检验检测及管理人员共 47 人，教授级高级工程师 1 名，高级工程师 10 名，工程师 12 名，还聘请了茶叶专业领域内知名度较高的权威专家作为学术技术带头人。近年来，梧州市以占据广西千亿茶产业"半壁江山"为目标，不断促进六堡茶产业转型升级，急需综合性的茶叶检验机构为之提供强有力的技术支撑和保障，目前正申请在该中心的基础上筹建国家黑茶（六堡茶）产品质量检验检测中心。

4.广西六堡茶标准化技术委员会

广西六堡茶标准化技术委员会经广西壮族自治区质量技术监督局批准于 2013 年 8 月 14 日揭牌成立，是广西壮族自治区第一个茶叶的标准化委员会，秘书处设在广西黑茶（六堡茶）产品质量监督检验中心。第一届委员会由 25 名委员组成，其中正高职称 2 名、副高职称 9 名、中级职称 5 名，分别来自六堡茶行业加工、生产、审评、质量安全检验、科研等领域，设主任委员 1 名、副主任委员 5 名、秘书长 1 名、副秘书长 1 名。2019 年 1 月进行换届，第二届委员会由 30 名委员组成，其中正高职称 1 名、副高职称 14 名、中级职称 4 名，设主任委员 1 名、副主任委员 3 名、秘书长 1 名、副秘书长 2 名，此外还有 16 名观察员。这改变了之前各有关部门在六堡茶标准制定上各自为战的局面，形成合力开展六堡茶标准修订工作，并逐步形成体系。至 2023 年 1 月，广西六堡茶标准化技术委员会提出或制定六堡茶国家标准 1 项、国家实物标准样 1 件、广西地方标准 18 项，标准覆盖了从茶苗到茶杯全流程，保障六堡茶产品质量，推动六堡茶全产业链规范化发展。

5.梧州六堡茶研究会

梧州六堡茶研究会成立于 2017 年 7 月 18 日，由关心、喜爱六堡茶的广大六堡茶产业科学技术工作者、热心人士和相关单位自愿结成并依法在民政部门登记成立的学术性社会组织。研究会现有常务理事 28 名、理事 14 名，设会长 1 名、副会长 15 名、秘书长 1 名、常务副秘书长 5 名、副秘书长 7 名、名誉会长 2 名、顾问专家 6 名，共有会员单位 33 家，协会会员 224 人。研究会坚持以习近平新时代中国特色社会主义思想为指导，以加快推进六堡茶产业高质量发展为宗旨，秉承"服务会员、服务行业、服务政府、服务社会"的理念，是党和政府联系茶叶科技工作者的桥梁和纽带，是推动发展六堡茶产业科技事业的重要社会力量。

第十三章

茶文旅

■

1. 六堡情缘

六堡，是茶名，是地名，也是著名的产茶区。中国著名的黑茶——六堡茶就产自这里。

中国产茶的地方很多，我想，有茶的地方风景一定会很美，就像六堡一样，你不曾到过就不知道她究竟有多美！

有人说六堡是藏在深山里的"闺秀"，有才德，有内涵，有韵味。然而，能一睹其芳容之人并不多，愧对了她这样的美誉。就像我来六堡之前，也不知道她在何

六堡牌坊　潘绍珊摄

方何位。

产茶的地方有仙气。六堡镇山幽水清，气候温润，四季分明。六堡的雾，飘逸、婀娜，就像绿野仙踪；六堡的水，清凉、透亮，喝到心里清透甘甜。六堡优质的土壤、云雾、山泉，孕育出来的六堡茶，醇厚、滑口、香甜、怡人。

从梧州市区到六堡镇是一条弯曲的村级公路，车子一路上颠簸，直到六堡境地，让我想起了"跃上葱茏四百旋"的诗句，去六堡的路可谓弯多，据说这路有上百道弯。

我与六堡是有缘的，这种缘源于一种对茶的情感。六堡给人的魅力是无穷的，我曾多次到六堡采访，每次都有不同的感受。

第一次去的时候，六堡已经入睡，"静"的感受最深。一条蜿蜒曲折的小河，穿过六堡的心脏。住在茶街的旅店里，"哗哗"的江水穿镇而过，在耳畔唱着轻悠的歌儿。不时的几声蛙鸣，让六堡的夜愈静、山更幽，一天的烦恼顿时烟消云散。

第二次到六堡，"品"得尽兴。依河而建的茶街，古色古香的小茶馆，青砖碧瓦，屋檐翘首，古老的木门木窗，透着橘黄色的灯光，飘出淡淡的茶香。无论进入哪一家

美丽的六堡镇　潘绍珊摄

茶店，竹篓、葫芦、木箱、陶罐、锡罐等装着的六堡茶，都会让你目不暇接。晚上，我喜欢到茶馆里去品茶、听茶事，体验茶文化，这是一种悠闲的享受。

在六堡，乡风民俗是不离茶的。许多因茶而形成的故事，在茶馆里可以经常听得到。别处消失已尽的风俗，在六堡依然鲜活。

第三次到六堡，感受最深的是这里的茶山美景。错落有致的梯状茶园，披上绿油油的盛装，弥漫着茶香。

在距离六堡镇2千米的地方，有一个古茶园叫作八集山庄。这个茶园据说是清朝

六堡八集生态茶园　潘绍册摄

光绪年间留下来的老茶园，是六堡镇仅存完好的百年古茶园。茶园的主人四代都是茶农，茶园主人年轻的时候就喜欢喝六堡茶，长大后对六堡茶仍然有着特殊的情感。站在茶园的山顶，整个茶园尽收眼底，漫山遍野的茶树一层一层延伸到山顶，又一层一层走向山底。茶园中星罗棋布而又错落有序的槟榔树，与茶树交相生长，美如画卷。

　　第四次到六堡，我住在六堡镇六堡茶庄园。杉木建筑风格的庄园，静静地散落在风景优美的六堡镇区万盛山上。庄园优美的自然环境、优质的空气深受广大客人喜爱。庄园里有六堡茶文化展示厅、六堡茶茶园、党建·党史学习教育基地、环山游览步道、

六堡茶庄园

5000 米健身步道、茶园观光平台、休闲栈道等；可开展六堡茶采摘制作体验、六堡茶品茗、六堡茶宴品鉴、六堡茶文化讲堂等活动。庄园已获得广西休闲农业与乡村旅游示范点、休闲农业与乡村旅游"最美庄园"、梧州市职工疗休养基地、梧州市研学教育实践基地的称号。

在茶山看六堡的云雾也别有一番风味。六堡多山峰，苍梧境内的高山几乎都坐落在其中。山脉穿插、峰峦起伏、沟壑纵横，山涧迂回缭绕的云雾，像仙女扬起的绸带。尤其是"空山新雨后"，会见到"夏日雨初晴，湍溪入耳鸣。遥望半山处，时有白云生"的美景。

到六堡茶山访茶，一定要到黑石、塘坪、芦荻、山坪、理冲等地方，那里是产六堡茶的老区。这些产茶区，茶树多种植在山腰或峡谷之间，所产之茶，因其地处崇山峻岭，树木翳天，茶树水分充足，且高山得雾独多，每天午后，没有阳光直射，蒸腾少，所产之茶叶厚而大，甘甜爽口，味浓醇香。

在茶区，热情、憨厚的茶农会拿出最传统制法做出的六堡茶，让你品上地地道道的茶味。

六堡人家家户户都会种茶和制茶。他们世世代代生活在这片土地上，唱山歌，说方言，采茶，日出而作，日落而归。

茶是六堡人的根，六堡人的血液里浸润着茶的性格和味道，所以六堡人淳朴、厚道、柔和，不管是陌生人还是熟人，进入任何一位六堡人家里，都会听到"喝杯茶"的礼貌问候，都会品到一杯陈年的老六堡。

茶是六堡人礼仪的信物。一杯茶能品出六堡人的热情，一片小小的茶叶，能够找到无限宽广的天地。

茶是六堡的文化符号，六堡因茶而滋润。

到六堡去找茶，是一种寻茶之旅、一种慢生活的享受；是在找一种味蕾的感觉、一种恬然的心态、一种放松的心情。

到六堡去找茶，古朴、自然的原生态是许多地方都不曾带给你的别样感受，那是来自八桂山乡的一抹清新绿意。

2. 行走茶山

行走茶山，是一段心路历程。对于每个爱茶人来说，都想拥有这样一次有意义的体验。而行走六堡茶山，更别有一番风味。

黑石山是六堡茶的核心产地。我想，只要是喜欢六堡茶的人，都想有机会去那里看看。

黑石山位于黑石村，我曾到过一次。阡陌纵横、溪水长流的黑石村，山境悠宁，一片田园风光，让我至今记忆犹新。

站在黑石村村口，黑石山立即进入眼帘。仰望山顶，陡峭壁立，几组高大的褐石矗立在黑石山顶，山腰是绿色的茶园。

六堡以土坡为多，唯有黑石村的山顶上凸显几组高大黑色的巨石，这在六堡其他地方是少见的。

黑石山虽高、陡、峭，但山顶平坦，古松苍翠，竹林茂盛。最引人注目的是山顶两块巨石之间，居然长有一棵参天古松。古松下堆满祭品，应该是爱茶人常到这里祭

拜茶神所留。

　　站在山顶远眺，云雾中的青青茶园若隐若现。

　　黑石山是神秘的，传说也很多。相传在很久以前，天上的神仙路过这里，看到这里的龙脉，认为是一块风水宝地，就从远处搬来石头，准备在这里砌一座城堡。

　　半夜，村里一户农家起床酿酒，倒米时用手拍打簸箕的声音惊动了神仙。神仙误以为是天已亮，怕被村民发现行踪就立即停止了行动，最后城堡也没有砌成，如今还有一块像牛的形状的石头留在黑石村的对面，那里的村庄叫牛石村。

　　以前，在黑石山满山的茶树中，有一棵巨大的老茶树，是六堡茶的神树。据说这

黑石人家　潘绍珊摄

些茶树是神仙种的，从树上采摘的茶叶可免洗直接加工，且茶水喝起来异常甘甜。遗憾的是"大跃进""大炼钢铁"的年代，村里人取石伐树用来炼铁，连这棵老茶树也给砍了。如今山上的这片茶树基本都是后来种的，大约只有10多年的时间，只有少许是民国时期留下来的。

黑石村后山的路蜿蜒不绝，整座山似巨龙，山坡像龙身，山的一端似龙头。古时候说有龙的地方定会有仙人常来。在黑石山的尾部，有一块平坦的石头形似棋盘，还有几块大石头像椅子，传说有仙人经常半夜来这里下棋。

黑石村现有农户四五十家，200多名村民。村里人至今还保留着家家户户种茶制茶的传统习惯。

李月奎是黑石山下的一户茶农。多年的实践，她总结出一套特色的"砂石炒茶"法，先在一口大铁锅里铺上一层砂石，砂石上放上一口小铁锅，用这种方法炒出来的茶，味厚、甘甜。

黑石村是塘坪村的一个自然屯。进入黑石村，须经过塘坪村。

在塘坪村村口，远远就可以见到两棵巨大的香樟树，塘坪村人都称这两棵树为鸳鸯树。

路过一座小桥，到达香樟树下，树旁就是国家级非物质文化遗产六堡茶制茶技艺传承人韦洁群的非物质文化遗产展示厅和她的黑石山茶厂。韦洁群的女儿石濡菲是一名省级六堡茶非物质文化遗产制茶技艺传承人。母女探索出一套独特的非物质文化遗产制茶法，她们十分注重制茶过程里几个关键环节中的轻发酵环节，即在鲜叶杀青前后、揉捻后的三次轻发酵，每次发酵的时间控制在15—26分钟。发酵过程，不加水、不升温，利用杀青、揉捻时铁锅里的余温带出茶叶的鲜味。炒茶时不做大面积的渥堆发酵，就在炒茶的铁锅或揉捻的簸箕上完成发酵。石濡菲说，用这种前期轻发酵的方法做出的新茶没有苦涩味，口感有较大的改善，对茶叶的后期自然陈化发酵也起到较好的推进作用，自然陈化三年时间的茶可以达到五至六年的汤色和口感。

塘坪村　石濡菲供图

在历史上，黑石村、恭州村和芦荻村都是有名的六堡茶产茶区。

恭州村位于六堡镇的西北部，为不倚村旧时的称谓。在特殊年代，茶叶是一种重要的粮食象征。民国时期，恭州村的茶叶早已闻名。新中国成立初期，六堡乡只有恭州、公平、四柳、理冲四个村的村民不用上缴公粮，都是"以茶代粮"，茶叶成为抵换口粮的重要物资。

恭州村地处高寒山区，茶树多为原种红色紫芽小叶灌木种，是整个六堡山中出产红色紫芽茶最多的地方。

紫芽茶为六堡茶之上品。陆羽的《茶经》里有文字记载："茶者，紫者上，绿者次；野者上，园者次。"紫芽茶中花青素的含量极高，果胶含量十分丰富，氨基酸、黄酮类物质的含量远远高于一般的黑茶。花青素，为多元酚类化合物的一种，是重要的植物色素，在欧洲被誉为"口服护肤品"，具有较强的抗氧化保健效果，在防晒、抗辐射、保护视力、改善睡眠、抗过敏、预防心脑血管疾病等方面具有良好的功效。经现代实验检测分析，每100克的六堡紫芽茶中含有3.29克的花青素，为目前茶叶中富含花青素较高的种类。有人曾经做过试验，在同样的环境，用紫芽做出来的六堡茶，陈放两年的时间，要比用绿芽做出的六堡茶更为茶味浓厚，茶气刚猛，回甘悠长。六堡紫芽茶泡出来的茶汤，金黄透亮，香气醇厚。紫芽六堡茶还具有越陈越香的活性物质及

恭州村

特点，在适宜的环境和条件下产生槟榔味的概率较大。

　　芦荻村为四柳村旧时的称呼，村旁的小河边多芦苇，当地人习惯把那里的芦苇叫芦荻竹，也把那里产的茶叫芦荻茶。芦荻茶与黑石茶、恭州茶齐名。

　　四面环山、山清水秀的四柳村，其富含沙砾的土壤尤其适合茶树的生长。非遗茶人谭爱云的沁怡茶厂，就在村里盘古寨的公路边。她的制茶方法，是家族留传下来的经验，除了使用本地茶种、传统工艺，做地地道道的六堡茶，她还结合市场客户的需要，用六堡茶茶底做出各种不同风格、不同口味的茶叶。据谭爱云说："现在的客户对茶品的要求较高，没有一定的技艺很快就会被市场淘汰。"近年来，她的客户主要来自香港，客户常年向她定制的是用六堡茶茶底做出的红茶。

　　在采访谭爱云时，她接待我们用的"陪嫁茶"是让我十分好奇的。她说："这茶是我用 1000 元钱从我同村的一个好友那里买下来的，她跟我同年出嫁。时间过得真快啊，想想一晃眼 30 多年就过去了，这茶叶陪伴我也有 30 多个年头了。有一次，一个从北京来的客户想用 2500 元每斤的价格买下，我都舍不得。我对它有感情，有重要客人来我家时，我才会拿出来分享。"这些存放了几年、十几年甚至几十年的"陪

四柳村长群茶山　潘绍珊摄

嫁茶"，代表的是父母深切地爱。

唐贞观十五年（641年），茶作为文成公主的陪嫁品，不远千里送到了松赞干布的故乡。从此，饮茶习俗传入西藏，成为边疆少数民族不可缺少的饮品。在六堡当地，茶在婚礼的风俗习惯中扮演了非常重要的角色，它既是定情的信物，又是贵重的礼物。

如果你想到六堡来探访一种瑶茶，必定要去山坪村。山坪村至今还遗留有许多明清时期的茶树遗株，是六堡茶原种良好的基因宝库。当地人习惯把山坪村产的茶称为瑶茶，瑶茶对当地人来说是神圣的，他们认为瑶茶是最圣洁、最养生的益茶。

山坪村位于六堡肇庆顶的东侧，海拔900多米，常年云雾缭绕。在山坪当地，流传一句谚语："云雾再高飘不过肇庆顶，总在我山坪村里打转转。"环境对茶树的生长非常重要，高山云雾产好茶，指在有一定高度的山上生长的茶叶品质优良。山坪村独特的地域环境，形成了瑶茶茶香味厚的独特品质。

山坪村村支部书记祝雪兰，既是非遗茶人，又是全国人大代表。她是家族第四代制茶传人，她和族人们一样，相信自己是茶的子孙，有能力把茶做好。

祝雪兰在茶的环境里长大，父母都是种茶人。从她知事的时候起，她就知道外婆在做茶了，老茶婆成了她最初的记忆。记忆中，幼时的她见到外婆每天从山上放牛回家都会采摘一些树叶回来，一回到家就把它放进竹筐里储藏起来，等到饮用的时候，再把这些叶子拿出来洗干净直接放入热水瓶里。这种没有经过任何机械加工的茶，祝雪兰感觉印象最深的就是"好喝"。

如今，老茶婆已成为六堡农家茶的一个特色的茶品种，曾经有"多年的媳妇熬成婆"的说法。其实，茶婆是六堡人对茶树老叶子拟人化的一种尊称，前面加个"老"字，不是指茶老，而是指老叶子而已。因老茶婆采摘的时间在秋冬交替之际，天气干燥，雨量减少，茶叶靠露水维持生长。于是，茶的口感甜厚，物质含量高，祛湿健胃效果好。过去，辛勤的六堡茶农极其简朴节约，舍不得喝卖得起高价格的茶叶，好的茶叶都拿到市面上去出售，而把这些粗老的茶叶留在家里经过简单加工后当作口粮茶。

山坪村是六堡瑶族聚居的村落，至今还有106户500多位村民。在山坪村，种茶人对茶怀有深厚的情感，他们对待茶就像对待自己的父母和亲生孩子一样敬惜，往往把一年采制最好的茶叶留下来，用来祭祖宗、祭年神、祭土地神。

山坪村分为 10 个小组，散落在大山深处。每个小组都设有村宗，他们在村的周围或村边的山上立有一块石头或以某棵老古树作为祭拜的神位。在除夕当天，山坪村的瑶民都会举行拜茶神的仪式，期盼茶神在新的一年赐予他们好运气、好收成，种出好茶叶，卖出好价钱。

敬奉茶神用的物品有茶、酒和肉。不管村民家里经济有多困难，茶是不能缺少的祭品。祭拜祖宗的茶，人不能先喝，要拜了神以后才能饮用。用茶敬神以后，就把茶洒在地上，他们把这种仪式叫作"敬茶"。在山坪村，每个传统的中国节日，村民们都要进行早上敬茶、晚上敬酒的"敬茶"仪式。每年的大年初一，天一放亮，各家各户就用茶敬神、敬土地。

《广西通志》对于六堡产茶的历史有这样的记载："六堡茶在苍梧，茶叶出产之盛，以多贤乡之六堡及五堡为最。" 旧时六堡称多贤乡，是盛产六堡茶的地方。从《广西通志》的记载来看，五堡也是盛产优质六堡茶的茶区。五堡现今已称为狮寨，境内的蓉顶山海拔 1016 米，属于梧州的高寒地区。

五堡产茶历史之悠久，早在清光绪年间就有夏郢人苏甫光、罗裕东来狮寨开设"均益源"和"义记"茶庄，收购"上元茶""中元茶""下元茶"等不同品级的六堡茶饼，销往国内外。从此，五堡乡与六堡乡产茶的数量和质量同名。

俗话说："茶宜高山之阴，而喜日阳之早。"群山连绵、峰峦叠嶂的狮寨正处于晨有阳光照射、午后有高山遮阴这样特殊的光照条件下，具备了天然的宜茶之境。

狮寨人自古有种茶的习惯，每家每户都种有茶。但最近几年村里人大多外出打工，只留下一些上了一定年纪的人在家，种茶就自然少了许多，据说每户最多种有二三十亩茶园，最多的也不超过 30 亩。茶园里的茶有的也没有时间去打理，成了野生茶。

狮寨人房前屋后都有茶，但都是两三株零星的野生茶。这些没有被人类栽培驯化、大量利用的自然之茶，叶根肥厚，茶性滑柔，香气深沉，回甘味长，耐泡程度是普通茶的三四倍，是茶中极品，不可多得。狮寨这些野生茶在大自然中生长，没有受过任何污染，茶农摘其用来做茶也是没有任何商业目的，到了采茶或者外出做农活的时候随手把它采摘回来揉揉捏捏做成茶，这样才是真正的农家六堡茶的特色。

行走茶山，不仅可以领略大自然的美景，而且能够感受到来自深山的茶韵。

3. 山坪瑶寨

爽气荡空尘世少，仙人为我洗茶杯。山坪茶缘持一碗，只为寄予爱茶人。

山坪的山，有高山云雾，有最高的负氧离子，有前行的"光"。

这里，是一片神奇的土地，常年云雾缭绕，美如仙境。

这里，是一个让人魂牵梦绕的地方，生长着一种神奇的树。

这里，祖祖辈辈生活了一群特殊的少数民族，日出而作，日落而息。

这里，出现了一位全国人大代表、六堡茶制作技艺非遗传承人祝雪兰。

这里，吸引了众多的寻茶人和打拼梦想创业的外乡人。

这就是梧州六堡镇山坪村。

立春之后，万物复苏的气息在天地间游荡着。这里是万世太平的人间仙地，也是康养之旅的休闲胜地。

这就是山坪村，是广西民族特色村寨及广西重点旅游村，位于苍梧县六堡镇西北部，距离镇中心 16 千米，是一个瑶族村落。全村平均海拔约 600 米，村内常年云雾缭绕，风景秀丽。曾经的山坪村交通不便、信息闭塞，曾是苍梧县 19 个自治区级重点贫困村之一，六堡茶产业推动了全村的脱贫增收。2016 年，山坪村实现全村脱贫摘帽。2020 年 12 月 4 日，山坪村被命名为第四批自治区民族团结进步示范村（社区）。

山坪村全村有 118 户约 500 人，几乎都是瑶族同胞。受高山地形的限制，村民的居住普遍分散，超过半数的村民住在海拔 600 米以上的山上，而这样的地理条件对六堡茶的种植却非常有利。近年来，村民因地制宜谋发展，山坪村的六堡茶产业越来越兴旺。

苍梧县是岭南茶文化发源地之一，这里产制的六堡茶已有 1500 多年的历史，"茶船古道"舟来楫往的盛况至今为人津津乐道。瑶寨茶农传承"茶船古道"的历史文化内涵，继续书写着六堡茶的制茶历史。

祝雪兰是第十二、第十三届全国人大代表，山坪村党支部书记、村委会主任，"雪兰云雾六堡茶"品牌的创始人。她曾在 2021 年 3 月份召开的全国两会上现场向李克

强总理展示亲手制作的六堡茶，并邀请总理到六堡镇做客。

祝雪兰记得习近平总书记曾说，"脱贫摘帽不是终点，而是新生活、新奋斗的起点"，"我们没有任何理由骄傲自满、松劲歇脚，必须乘势而上、再接再厉、接续奋斗"。

2019年，山坪村成功引进资金建设六堡茶田园综合体项目和风力发电项目，引进深圳市水体实业集团发展旅游业；并且获得苍梧县民宗局拨款少数民族发展资金近200万元建设茶叶加工厂，使六堡茶唱响了民族"团结曲"。

山坪村是六堡镇唯一的少数民族村，是六堡镇海拔最高的山寨村落。其具有得天独厚的酸性土壤环境，非常适合茶树的生长。这里拥有险而峻的高山、美丽的景色、勤劳的村民，朴实的民风、神秘的民俗……山坪的茶，叶绿素、氨基酸是普通茶的几十倍，茶汤更显甘、醇、香、甜，滋味更醇厚。山坪的茶更耐泡，泡出的茶具有独特

山坪村　何文供图

的山头风味。"山坪茶缘"，祛湿养胃，传统工艺更显优势；"山坪茶缘"，坚守传统，非遗再现原味风范。

"手工制茶种传承，高山云雾出上品。万花敢向雪张红出，一树独先天下春。"深圳市水体实业集团董事长何文慧眼识宝，凭着敏锐嗅觉、战略眼光和清晰思路发现了六堡茶的商机。他深爱这原始的生态、这里的茶、这里的村民、这里的一切美好。于是他揣着情怀与梦想来到艰苦险峻的山坪村，开启了与六堡茶的美妙情缘。他紧紧抓住国家提出大力发展特色小镇和乡村振兴的有利契机，投资开发建设山坪乡村田园综合体。

2019 年第十六届梧州宝石节上，何文与苍梧县人民政府正式签订"山坪瑶乡六堡茶田园综合体"战略协议，确立苍梧县以农业为主导产业，使一二三产业深度融合发展的目标，使其成为新时代苍梧县乡村振兴"一村一品"特色品牌打造的重要举措，再一次点燃六堡茶产业发展新模式。

何文以大胆创新的思维，致力于山坪瑶乡六堡茶田园综合体建设——"做强"一产，计划收购千亩茶园并连片开发新茶园，现已开垦种植原种六堡茶 400 亩；"做精"二产，建设规模茶厂和特色茶仓，实现六堡茶传统工艺生产和仓储的规模化，做传统六堡茶的精品；"做优"三产，坚持做到独具特色、独一无二的文化旅游项目，并建设村落式民宿与景区。这里的建筑有土屋、木屋、青砖屋、砖木屋等，也有居民家、博物馆、酒店、宾馆、茶馆、戏馆、图书馆、茶学院等不同历史风貌的建筑风格，都可以用来展示六堡茶 1500 多年的历史和瑶族村落的人文变迁。通过统一规范的教育、培训，山坪村家家户户都能成为六堡茶制茶与讲述六堡茶故事的高手，实现乡村人才的振兴。同时，也使从外地来到山坪村参观、旅游、体验、研学、养生的人们找到理想的乐园。

何文用工匠精神打造着山坪瑶乡六堡茶田园综合体，经过精心雕琢，美丽神奇的山坪村被赋予厚重的人文景观和文化内涵，为瑶寨增添了一道道亮丽的风景线，山坪瑶乡六堡茶田园综合体定将成为六堡镇茶旅的网红打卡地。

山坪村是一个有故事的地方，是一个让人留住脚步、留下记忆的地方，是六堡茶寻根寻源的地方。如果说黑石山是六堡茶生长的发源地，那么山坪村则是圣人康养的神仙之地，是六堡茶技艺红色基因的传承之地。

六堡镇山坪村景色秀丽，季节分明。春到山坪赏花，梦里云睡在天上，晓看天色暮看云，犹抱琵琶半遮面；冬到山坪赏雪，妆点瑶林连雾凇，晶莹剔透满枝头，让人目不暇接，流连忘返。

到六堡镇去体验茶文化，一定要去山坪村。那里是六堡最早看到太阳升起的地方；那里有六堡最高最大的连片茶园——云顶茶园；那里白天阳光充足，晚上云雾凝聚，盛产口感极佳、功效极好的六堡茶。

六堡镇山坪村茶园的旅行，让人学会了向慢时光妥协，也记住了山坪村的茶。不是每一款茶都叫高山云雾茶，不是每一款茶都来自山坪村，不是每一款茶都出自非遗匠人祝雪兰的手作，不是每一个地方都是圣人的康养之地。

山坪村有最高的山、最美的茶园、最好的茶叶，那里会有一束神圣的"光"，值

//////////////

得你来探秘。

　　到山坪，总有一盏茶，可以慰风尘、洗尘埃。

　　4. 百年水运

　　木双，给人的魅力是无穷的。

　　木双是一座与水、与茶有关的小镇。水滋润了这座小镇的灵气；茶赋予了这座小镇的文化。

　　地处苍梧县东部的木双镇，一条青如玉带的东安江流经其境内，并直通广东封开县，是历史上茶船古道的重要驿站。昔日，从六堡镇赶来的运茶船、竹木排在梨埠镇歇息，将尖头船上的茶叶或其他货物转移到大型木帆船上，赶往的下一站就是木双镇，木双镇运到广东、北京、南洋等地。木双成为六堡茶输往外界的重要转运点。

　　在木双镇对开的东安江河段上，诞生了一群特殊的居民——"疍家人"，这些居民主要是麦姓和聂姓。20世纪50年代以后，"疍家人"陆续上岸定居。后成立水运社，水运社辉煌的时候拥有47艘船只，船工达600人，这些船工分别来自广东、广西等不同的地区。在历史的长河中，因航运而繁荣的东安江，随着时光的流逝而慢慢沉寂，但水运社的辉煌历史却在许多人的脑海里仍然记忆犹新。

　　秀美的东安江滋润着木双这片神奇的土壤，使得木双镇的水源充足，为建造西中水电站提供了有利条件。西中水电站是当年的梧州共青团水电站。1958年12月29日，共青团中央第一书记胡耀邦来到梧州考察，专程到水电站看望了参与建设的共青团员和广大青年们。胡耀邦书记在清晨六时做了一场激动人心的报告，并与大家合影留念，共同品尝了六堡茶。

　　茶是木双人特有的气质，是木双耐人寻味的名片。有茶的地方，就有美好的向往。好山好水方能孕育出好茶来，每一个有好茶的地方，都会让爱茶人心生向往。

　　2021年端午节的前一天，我到木双镇来访茶。时任镇党委书记韦柳娜向我推荐了石砚山的高山云雾野生茶。

　　石砚山，顾名思义以石居多，因三座主峰形似巨大的黑砚台，古人赋其名为石砚山。

石砚山雄踞两广交界，为木双镇境内的最高峰，海拔 600 米。

石砚山拥有独特的地理环境，无论是高度、气候还是土壤，都非常适合茶树的生长。

这里，有独特的自然气候，常年云雾缭绕，水汽凝重，山风穿流，云雾奔涌；还有独特的沙砾土壤，土质疏松，排水良好，这些条件造就了石砚山云雾茶的优良品质。

站在"百年水运"的牌坊，碧空烈日之下可以清晰地远眺群山怀抱中云雾缭绕的石砚山，好似夏天到云南去看玉龙雪山一样的神奇。仅就这一景观，就足以激起你去探访的欲望。

一日多变化，相看两不同，为石砚山一大自然奇观。我们去的时候，明明是天空一片晴朗；行至中途，忽然下起大雨；到达山顶，又雨后初晴。

山谷空气清冽，进山的途中，我们看到了许许多多碗口粗的野生古茶树。

百年水运　木双镇政府供图

////////////////

我们乘轮船、坐皮卡车、骑摩托车，又步行 40 分钟最终到达了山顶。站在山顶，眺遥渺渺，群山叠叠，绵延不绝。我们看到了一片新生的茶园。据介绍，这是双贤村为振兴乡村，发展经济，增加村民收入，以村民合作社的经营模式，在 2020 年移植栽种 200 多亩茶林，开辟的石砚山云雾茶基地。

新生的茶园，在阳光的照射下，茶叶色泽油润闪亮，绿中泛微紫色。我俯身随手采摘一叶，入口咀嚼，芬芳鲜嫩，滋味鲜爽。

离开的时候，村委副主任、制茶师傅周杰明赠送我们两罐石砚山云雾茶。

隔日，我们与茶艺师刘芳女士细细品鉴石砚山云雾茶。其茶样具有油亮感，芽苞呈莲藕节状，多数还未绽放。初泡时，细闻壶中茶香，其香型丰富，豆香混合着浓郁的花香，还隐隐有茶蒂、茶梗的香。细闻挂杯，香气持久，余韵悠长。茶入口，大显老枞韵味，花香丰富，体感强烈。冲泡 5 分钟时间，蜜甜感强。冲泡 5 分钟后，茶汤苦后瞬间化开回甘。待茶汤冷却，有凉感，生津无杂意，爽口极了。

电话采访制茶师傅周杰明的制茶工艺秘密时，他说："这款茶的制作日程，是茶芽采回后，放进锅里用 170—180℃ 高温炒制，待茶叶稍微有点焦香后取出。第一次炒后取出的茶叶需要稍微搓一下，待凉后再炒，反复几次，直到茶叶干燥为止，这样炒制出来的茶才有一种蜜味。"

千年山乡，百年小镇。木双，流传着古苍梧之遗风，保留汉文化之传统，传承着家风之美德。东融古镇，六堡茶乡，生态木双，康养圣地。厚道淳朴、敢为人先的木双人，用"干"字精神和勤劳的双手，编织丰富多彩的生活画卷，谱写新时代的动人乐章。

5. 探寻城瑶屯

塘平村，位于六堡镇政府驻地西北 10 千米的不倚河与山坪河交汇处，东北与四柳村、理冲村相邻，西北与公平村、不倚村接壤，西南与东南面则被山坪村、高枧村、梧洞村包围，全村总面积 11 平方千米，是六堡茶最主要的产地之一。村委所在地处于连接湘粤桂三省的古道垭口。传说当年舜帝南巡，曾经到此教授种植茶叶，并亲手种下六堡第一株茶树，六堡人为了纪念他，便把这里叫古舜口。

塘平村产茶区的集中地仍然以黑石山一带为主，村民家家户户都有茶园。塘平村茶园地处高山之处，空气潮湿，昼夜温差较大，容易产生云雾。茶树生长在缭绕的雾气之中，比其他地方的茶叶得到了更多的滋润，所以茶芽茶叶特别肥厚，品质也特别好，特别香醇浓厚，耐冲耐泡，隔夜不馊，是六堡茶中的上品。

数丛黑石隐山翠，万顷茶山一鹭飞。这是探索者探寻自然的秘境，是梦想者谋求发展的福地，这有"可以喝的活化石"，有"可以喝的老茶树"。这里是承载着历史文化底蕴的热土，正在演绎着一个个传奇故事。

周厚霖喜欢六堡茶的故事，可以说就从塘平村城瑶屯开始。

周厚霖作为中医药专家，一直从事药物的研究与开发，他一生主要的工作就是中药材种植、生产加工研发和原材料提取，还有中草药健康食品研发，在广西、贵州、四川等全国30多个省份拥有野生中药材特色农业种植示范基地26个、种苗自主产权基地3个，种植中药材达10万多亩。

周厚霖在苍梧县政府领导的带领下，来到了塘平村生态古树六堡茶园。这里老茶树十几米高，生命力极强，树干长年累月都是湿润的，上面布满了牛尾癣、葫芦藓等苔藓植物，非常漂亮。

经历了漫长的岁月和变迁，有些茶树抵挡不住时间的流逝，逐渐老去，有些茶树被移栽他处，有些则被战火烧毁，有些则因为各种原因被茶农砍伐……这些幸存下来的老树茶们藏身于村寨周围的森林之中，已与六堡山脉的整个森林融为了一体。老树的庞大根系深入土壤之中，枝叶在山谷的云雾之中呼吸，随着日出月落苏醒沉睡，萌芽落叶。年复一年，适应了此山此地环境的老茶树逐渐孕育出自己独特的风味特点，也就造就了老树茶"一山一味、百寨百味"的独特优势。不仅如此，这些历经时间考验的老茶树，抗病能力强，高度适应气候，植株自然稀疏分布，不易患病虫害，完全不需农药化肥。这样的自然环境与种植方式保证了老树茶纯净安全的本质。

在周厚霖的印象里，老树茶有缓解消化不良、腹泻的功效，还具有养胃、解渴、助消化的功能。野生老茶树的树龄有几十年甚至上百年，茶园里的茶树龄至少有30年，色、香、味、形独特，野生老树茶的条索雄壮，有日晒气、地域香（更偏向花香），回甘快、醇和、甜花香气。周厚霖认为老茶树比矿还值钱，因为这些本就是药材，没

城瑶屯六堡古茶树

必要砍伐，重新种药材。

2009 年，周厚霖在当政府的号召下租了 30 年的老茶树土地，并租了村里的生态茶园保护村进行 16 户旧房的改造，开始了茶树文旅的开发与打造。

周厚霖相信老茶树的药效。"靠山吃山不毁山，靠树吃树不毁树"。每年进入开茶节，只要不下雨，他就会到茶园树旁，小心翼翼地架起长梯，登树采茶。

这些老树茶由于树龄久，根系发达且深植，所吸收的养分和微量元素也多于新植茶。在品饮时，老树茶的茶气茶味足，苦涩感低于新植茶，滑甜感高于新植茶，耐泡度高于新植茶。"要让每一棵老茶树都能延续百年、千年甚至万年。"只有保护，才能更好地开发利用。现在老树茶，尤其古树茶价格趋高不下，甚至有商家以次充好，用大树茶冒充老树茶、古树茶来扰乱市场。有些人对古茶树资源各种竭泽而渔式的开发；甚至有的人打着"领养"的幌子来"保护"老茶树、古茶树，但是由于土质、气候不适合，养护不善，还不到几年苦茶树就枯死了。

"人茶共生"，如何打造从茶园到茶杯的可追溯绿色生产质量管控体系，实现生态环境和茶树健康的实时动态的精准感知，以及把老树六堡茶、陈年六堡茶结合药用研究，实现茶园到茶杯的品饮属性向药用属性的开发，是周厚霖思考的下一步问题。他将通过打造寻幽访古、朝拜树王、观光游览、康养度假、休闲旅游等多种体验项目，打造新的六堡茶生态体验区，规划建设示范茶园、景观梯田、园区道路、茶园观光亭、四季茶花园、良种繁育基地、茶叶肥料厂等，满足茶文旅的开发，争创自治区级农（林）业示范区。让古茶文化旅游之风盛行，让茶香绽放。

6. 百福韵飘香

在中国长寿之乡广西岑溪市，有一个风景优美的百福山生态有机茶园。茶园坐落于南渡镇井河村，距离岑溪市区 37 千米，是千年古镇南渡镇通往著名的天龙顶旅游景区群的必经地带；紧靠高速出口与县道，交通便利；生态环境优美，物产丰富，农业产业发达。茶园为广西岑溪天晟茶业股份有限公司于 2015 年所建，属企业核心基地。百福山生态茶园规划用地 1000 亩，是六堡茶核心示范园，在 2018 年被评为"广西现代特色农业县级示范区",同时该茶园属当地政府的招商项目,是融合茶叶、旅游、特产、休闲农业于一体的农业综合示范区,也是广东汉莎画院、广东省云浮市美术家协会等八家协会的写生创作基地。

百福山生态茶园地处亚热带,属云开大山山脉北麓,平均海拔700米,年平均气温20℃,年平均降水量大于1500毫米,年有雾天数180天以上。基地土壤pH值为5.2,属黄土,其得天独厚的气候、地理环境和优质的水土条件,为种植生产高品质的有机茶提供了极佳的先天条件。茶园管护坚持"生态、有机、健康"的核心理念,标准化种植,全程用高山泉水喷灌,采用生物、物理方法防治病虫害,不使用任何化肥农药,施用自沤牛羊粪、花生麸有机肥,执行严苛的有机管理、加工标准。2020年,茶园经测定每亩产量达750千克,年产50吨。

茶园主要种植茶树品种为"天龙一号"和"天龙二号",这些品种是公司于2013年委托广东省茶科所利用稀有的岑溪千年野生古树茶进行无性繁殖培育而出的独有茶树品种。品种衍生产品类别有六堡茶、红茶、绿茶等,经市场投放,反响较好,主打产品获第四届亚太茶茗大奖"金奖"、中国茶叶学会"国饮杯"一等奖等众多荣誉,茶叶样品被中国茶叶博物馆进行收藏。

百福山生态茶园内设台阶式观光步道、观光环道、凉亭、观光台、溯溪点、品茶休闲场所、导游标识牌等。山脚有小溪瀑布和人工湖泊,茶谷幽幽,泉水畅流,聚汇成小溪流入百福湖,鱼群游动,荡起层层涟漪,让人流连忘返。溯溪、钓鱼、游园,园内休闲内容更加丰富,游客置身其中妙不可言。这种茶旅休闲相结合方式满足不同类型、不同地区的群体出行需求,适合绘画、摄影、茶文化研学、亲子活动、团建活动,游客既可自驾游览,也可参团观光。在这里,可以摘野菜,炒竹笋,炆豆腐,办茶宴,喝长寿粟粥、吃鲜美鱼虾……更重要的是,游客在这里不但可以徒步赏览茶园旖旎风光,还可以现场体验制作"有机茶",亲自采茶、制茶,能寓学于游、寓乐于学,享受不一样的度假方式,感受来自中国长寿之乡独特的康养魅力。

百福山生态茶园茶旅项目产业链较长,在结合当地相关产业基础优势上,现规划新增建设景点与民宿康养配套设施,能给当地农民带来更多的就业机会,增加农民收入,符合国家对农业、旅游、乡村振兴等方面的扶持政策,为百福山真正地"造福"。

百福韵飘香

国家茶产业技术体系种苗实验室主任梁月荣率团考察岑溪千年野生古茶树

"一片小小的茶叶，已经成为当地响当当的'绿色名片'，茶旅融合将是今后的持续性发展方向，是推动当地产业发展，提升六堡茶品牌知名度的有效途径。我们希望通过打造茶乡旅游精品线路，探索茶文化与旅游结合的方式，让广西茶香飘四方。"岑溪天晟茶业总经理莫华平信心坚定地说。

7. 爱店寻茶

从南宁驱车向宁明，高速公路路边的风景，犹如各色颜料涂抹。行车两个多小时，我们来到了广西宁明爱店镇。

在广西嘉成农产品有限公司打造的7000多平方米的茶厂，我们见到了茶厂主人李秋燕。她是宁明县第十七届人大代表，当地知名优秀企业家。朴实、优雅的李秋燕，爱茶，视发展茶产业为责任和使命，为此倾注了大量心血。在她的努力下，我们看到了她沉甸甸的收获：广西嘉成农产品有限公司成为崇左市首批认定通过边贸商品落地加工生产型企业，是宁明县唯——家"崇左市农业产业化重点龙头企业"，获得"崇左巾帼脱贫示范基地""广西巾帼科技示范基地"称号。她的儿子李山河也成了宁明县第十七届政协委员。儿子稳步接过了母亲手中的接力棒,传承母亲的事业,创造了赫赫有名的"公母云浓"茶品牌,母子俩书写了六堡茶产业发展的新篇章。

偌大的茶厂,整齐而有序地堆满了装着六堡茶的大竹篓和麻袋,一股股茶香扑鼻而来。"这里的存茶环境很好,如果是在晚上,我们会看到空气中飘散着许多'金花'。"满面春风的李秋燕边走边介绍。自然生成的"金花"是六堡茶一种特有的益生菌,须在优质的茶叶、合适的温度湿度、良好的存储环境下才能生长。有"金花"的六堡茶品质较好,难得一见。

在制茶车间,我们看到一台先进的茶叶色选机。李秋燕介绍,通过这台机器,能够准确地处理茶叶中的细微杂质,让茶叶更干净,提高茶叶的精选度,使茶叶分级达到标准化。

大竹篓装茶和麻袋存茶,是六堡茶存放的一大特色。李秋燕介绍,装茶的竹篓,都是经过高温蒸煮12小时以上的处理,这样的竹篓才不会发霉。用竹篓装茶,简便,便于运输,最小的可以装500克,最大的可以装到66千克。用麻袋存放六堡茶,能够更好地控制温度和湿度,让茶叶在好的环境下自然发酵。

在茶文化展示厅,可以进行沉浸式的手工炒茶体验。在这里,可开展茶文化研学和亲子教育。一些单位经常在这里举行党日主题活动和工会小组活动,学习茶文化、茶技艺。

在李秋燕的带领下,我们来到爱店镇那逢屯。进入村口,便见到一个神秘的地下人工防空洞。穿梭于迂回曲折的地下防空洞,让人惊叹爱店人的聪明与智慧。原来,20世纪七八十年代,为守护国家、保卫家园,爱店社区那逢屯的党员自发组织村民组建民兵排,利用地形优势,带领村民挖出了一条宽1.5米、深2米、总长3千米,贯通家家户户的地道。那逢屯因此被南宁地区行政公署授予"八十年代高家庄"光荣称号。如今,那逢屯已成为"爱店社区那逢屯爱国教育基地","爱国、守家、勇毅、奋进"成为当地人的"那逢精神"。

站在同心亭俯瞰,李秋燕刚刚承包的那片已经开垦好的坡地茶园立即跃入我们的视野。她将在这里打造好茶文旅、窖藏六堡茶特色文化,那逢屯充满特色的茶文化和红色文化，将会迎来更多的游客，擦亮乡村振兴的另外一道风景线。

顺着李秋燕的手势指引，我们抬头仰望，远处的公母山，在一片云雾缭绕中若隐若现。高山云雾产好茶。这座跨越中越边境的界山，有着独特的地理环境和奇特的自然风光。她说她将联合相关科研机构和茶叶专家，在这里打造原生境保护区，让古茶树繁育生长。大自然润泽了800多株野生古茶树，正是她发展六堡茶的优质原料。真是"一山跨两境，茗香飘万里；群山分公母，内外两重天"。

到爱店去寻茶，寻找六堡茶的野性、真味。茶香依，人相伴，云浓、茶浓、情浓。

公母山 李山河供图

第十四章

茶产业

一、科学认识六堡茶的属性

科学认识六堡茶的属性，对于六堡茶的品饮、投资、收藏以及产业发展至关重要。中国工程院院士、湖南农业大学教授刘仲华指出："六堡茶因独特的文化属性、品饮属性、健康属性、收藏属性和投资属性，造就了其越来越大的市场空间和价值空间。"

六堡茶的文化属性，可以从它的千年历史文化、非遗文化和海上丝绸文化来解读。六堡茶的发展已有 1500 年的历史；2014 年，六堡茶制作技艺被列入国家级非物质文化遗产名录；2017 年，习近平主席在首届中国茶业博览会的贺信中指出："从古代丝绸之路、茶马古道、茶船古道，到今天丝绸之路经济带、21 世纪海上丝绸之路，茶穿越历史、跨越国界，深受世界各国人民喜爱。"2022 年 11 月 29 日，六堡茶制作技艺入列联合国教科文组织人类非物质文化遗产代表作目录。可以说，六堡茶的重要文化名片"茶船古道"是"一带一路"的重要组成部分。六堡茶的文化属性，提升了六堡茶的知名度和美誉度，提升了人们品饮六堡茶的生活品位。

六堡茶的品饮属性，从中国六大茶类来划分，六堡茶是后发酵黑茶，属于温性茶，品饮后肠胃不易受到刺激，较为适宜身体偏寒、胃寒体质的人群品饮。六堡茶，特别是有年份的老茶，具有品饮属性的普适性，男女老少皆宜。可以说，六堡茶能够走进人们日常生活，是适合寻常百姓的生活之茶。总的来说，六堡茶不仅好喝，而且茶汤红浓透亮，有视觉冲击的美感，品饮后会带来愉悦的感觉，因此能留住顾客的记忆和脚步。

《神农本草》记载："神农尝百草，日遇七十二毒，得茶而解之。"中国自古以来就有"以茶治病"的历史，茶叶中含有多达 500 多种化学物质，包括茶多酚、茶氨酸、咖啡因、维生素、矿物质、蛋白质、茶多糖等，这些成分大多对人体有益。在这

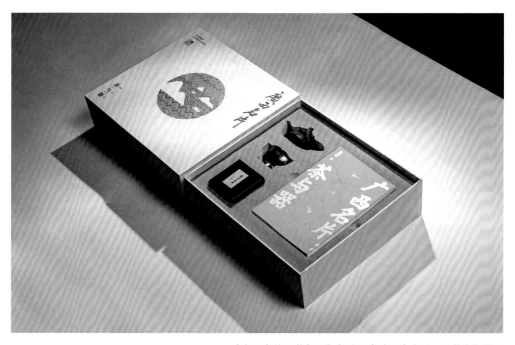

些有益元素的共同作用下，可为大脑、皮肤、牙齿、眼睛、心脏、肝脏、肠胃等带来较好的保护。中国工程院院士袁隆平说："民以食为天，饮以茶为先"。中国工程院院士陈宗懋从 3 岁开始喝茶，至今 80 多年，研究茶 60 多年，他倡导"饮茶一分钟，解渴；饮茶一小时，休闲；饮茶一个月，健康；饮茶一辈子，长寿"的饮茶保健理念。刘仲华院士说："不是你容颜易老，是你喝茶太少。" 在六堡民间，流传下来的医书中也有许多六堡茶"以茶入药"治病的偏方，当地人对储存的六堡茶有"一年为茶，三年为药，七年为宝"的说法。

　　六堡茶的健康属性，是指六堡茶具有显著的调节糖脂代谢作用，可辅助降血脂、降血糖、降尿酸及减肥，可有效保护过量饮酒引起的肝损伤，平衡肠道菌群和调理肠胃，并具有抗氧化、延缓衰老的作用。刘仲华院士指出六堡茶具有五大功效。第一，祛湿。从科学的原理上证明，尤其是通过调控人体的胆红素的代谢，很好地抵御湿症的发生。第二，调节人体代谢。通常坚持品饮六堡茶，尤其是陈年的六堡茶，可以有效地抵御血糖的升高，平衡人体的糖代谢。第三，有助于脂质代谢。坚持品饮六堡茶，可以有效地控制人体脂质代谢的紊乱，能够有效地调降人体血液里脂质的指标，比如总胆固醇、总甘油三酯、低密度脂蛋白等，因此，想要苗条的身材、健壮的体魄，也需要有六堡茶的陪伴。第四，能够有效调节人体的免疫功能。坚持品饮六堡茶，能够提高人的免疫力。第五，六堡茶可以延缓人体衰老。容颜衰老、记忆力下降，阿尔茨海默病、帕金森综合征等衰老的症状，都可以通过坚持品饮六堡茶来改善，高剂量的品饮会使这些不良症状得到有效的控制。

六堡茶的收藏属性，是指六堡茶具有留存越久越佳的价值。"六堡茶是可以喝的古董"，它不像绿茶，受到保鲜期和存放环境的限制。六堡茶只需无异味、通风、避光的环境就可以存放。

六堡茶的投资属性，是大家最普遍关注的话题之一。中茶牌第一版"无土"黑盒六堡茶最初上市之时，一盒的售价仅 20 元，而今，却卖到 5800 元；最具传奇色彩的三鹤六堡茶老茶"0101"，从几百元一斤的口粮茶，跃升到 6000 元，甚至 180000 元一斤，在 2021 年最高达到 380000 元一斤；槟榔王六堡茶也卖出 80000 元一斤的价格。许多先入行的六堡藏家都尝到了收藏的甜头，同时也引发当下六堡茶的收藏热潮，带动了六堡茶消费和全国各大投资者的关注。可以说，从终端市场可以明显感受到六堡茶大有前途。

六堡茶作为一种新型投资品的出现，是商品经济发展到一定阶段自然形成的结果。喝老茶，收新茶，喝出健康，喝出财富，是六堡茶消费者的普遍做法。收藏和投资六堡茶最根本的原则是，茶叶内在质量好、价格合理、适合长期陈化、有明确的陈化起始时间和生产（出厂）日期。可以收藏以下种类：一是原装大竹箩茶（净重有时达 40—53 千克／箩），俗称"一口料""原箩茶"，最能体现厂家真实的制作水平，具有明显的价格优势；二是具有某些细微特色的茶，如参香、槟榔香、金花香、古树茶原料、野生茶原料、高山茶原料等类型；三是获得权威性评茶比赛大奖的特殊批号茶；四是限量生产并有永久性序号编码的预包装茶；五是有生产厂家负责人或制茶大师签名证书的茶；六是在出厂时表现平常，但经适当陈化后呈现意想不到效果并获得市场较高程度认可的茶。

二、六堡茶的产业发展方向

2021 年 3 月 22 日，习近平总书记到福建武夷山市星村镇燕子窠生态茶园考察时指出："要把茶文化、茶产业、茶科技统筹起来，过去茶产业是你们这里脱贫攻坚的支柱产业，今后要成为乡村振兴的支柱产业。"习近平总书记的讲话，为新时代茶产业的发展指明了方向。广西因独特的地理环境和适宜的气候条件，自古就是产茶区。而茶产业更是广西重要的特色农业产业之一，广西茶叶种类众多，有黑茶、红茶、绿茶、花茶等，品质优良，其中以广西六堡茶为优秀代表。近年来，全区各政府部门紧紧围绕产业扶贫和乡村振兴战略，以"一带一路"的倡议和"绿水青山就是金山银山"的理念，因势利导，顺势而为，使广西六堡茶走上复兴之路，将六堡茶打造成一张广西亮丽的文化产业名片。茶产业的发展任重道远，广西六堡茶产业要实现高质量发展，必须做大做强茶文化、茶产业、茶科技这篇大文章。中国工程院院士刘仲华指出，广西六堡茶产业的发展有基础、有特色、有空间，围绕"红、浓、陈、醇"的产品特征，推动传统手工作业向清洁化、机械化、自动化、智能化、标准化发展，推动产品朝方便化、高档化、功能化、时尚化方向延伸，不断提高产业规模、品质品牌、安全保障、产品多元化水平，融合茶科技、茶文化，不断提升影响力。

①大力推进生态茶园基础建设。茶园建设是茶叶生产的基础。历史上，制作六堡茶的广西地方群体种有六堡种、桂青种、凌云白毫茶、排旗种、安塘大叶茶、瑶山茶、南山白毛茶、牙己茶、白牛茶、龙脊大叶茶、六垌茶、修仁茶等，我们需要加快从中选育适制六堡茶的具有自主知识产权的优良品种（系），并做好扩繁、快繁工作，为六堡茶提质增效、产业化生产提供优质原料。只有好的茶园、好的茶叶，才能保证好茶品。茶园建设必须以绿色发展为引领，按照产区环境优美、基础设施完善、技术支撑有力等要求，改善茶园生态，大力推进生态茶园建设。梧州市政府高度重视茶园建设，从 2021 年 12 月 8 日开始，吹响了建设百万亩茶园大会战的冲锋号。同时，加快建设集中连片现代化标准茶园，鼓励和支持改种适制六堡茶的优良茶树品种（系），提高茶园良种覆盖率及无性系茶园比例，推广低碳安全高效生态栽培技术、测土配方平衡

『广西名片：六堡茶 北流瓷』文创茶礼盒 广西壮族自治区博物馆、广西儒雅风文化艺术发展有限公司、广西凤中凰农业有限公司联合出品

施肥、茶园主要病虫害零化学农药综合防治技术，开展茶园美化绿化工程，建成一批生态有机、休闲观光、产业融合度高的现代化标准茶园。

②强化六堡茶文化品牌建设。讲好六堡茶文化故事，是提升六堡茶知名度和美誉度的关键。要继续挖掘六堡茶的文化、品牌等新内涵，讲好"茶船古道"历史故事、非遗传承人故事和名人与六堡茶故事，利用书籍、影视、歌曲、"互联网＋新媒体"等方式进行全方位、立体式宣传，提升六堡茶品牌文化的厚重感；筛选一批优秀六堡茶企业，形成广西六堡茶品牌框架体系及品牌效应；通过"走出去"，开展六堡茶全球行销活动，鼓励茶企参加国内外茶叶展销会，做好六堡茶展销和推介活动；突出茶文化内涵，制定特色规划，通过对六堡茶文化特色小镇的规划，设计游览路线，结合小镇优势，完善游客体验，形成多产业融合，将"茶船古道"观光区、文化商业区、民宿旅游区和文化产业区等，形成一条完整的旅游路线，促进茶旅产业融合发展。同时，强化六堡茶互联网营销。在高科技信息发达的新媒体时代，单一的售茶模式已无法适应市场的发展形势，应进行有效的互联网的文化品牌打造，提升六堡茶的市场核心竞争力。六堡茶的销售要形成"互联网＋"技术结合，提供线上线下的茶文化服务并发挥规模效应，以点成线再成面的方式。特别是在网络时代发展的今天，要大力发展线上销售，着力打造好六堡茶的"知识普及号""专业知识号""名家讲坛号"等抖音视频号，形成"专业＋体验"的营销模式，提升消费者的认知度、关注度和可信度。做好线上线下展示的协调，发挥相互促进作用，助推六堡茶打开市场销路，促进六堡茶行业健康发展。

③强化科技引领六堡茶产业发展。科技是茶腾飞的翅膀。六堡茶产业需要加强科技创新人才队伍建设，构建人才引进和培养长效机制，引进高层次人才，培养本土人才，打造一支结构合理、综合素质高、创新能力强的科技创新人才队伍；逐步建立健全高校、科研院所和企业之间的人才流通渠道，为企业技术创新输送科技人才提供保障；加大科技投入力度，加大财政对科技的投入，保持科技投入持续稳定增长；贯彻落实各项科技财政优惠政策，引导和鼓励企业加大科技投入，推进技术创新和产品研发；加快科技与金融互动融合，扶持企业科技创新；强化企业创新主体地位，提升企业技术创新能力，鼓励企业引进高端人才，组建科研团队，研发产业核心技术；加大对科技创新龙头企业

的支持力度，在引进技术（设备）、科研平台、成果转化等方面给予倾斜支持；对科技型中小企业实行精准帮扶，协调解决企业发展面临的技术、人才等难题；加强与"一带一路"产茶国的科技交流合作，鼓励在科技创新人才交流、共建联合实验室、科技园区、技术转移等方面开展合作，在关键技术领域开展联合研究，解决关键技术难题。

④大力推进六堡茶产业融合发展。融合发展是六堡茶产业做强做大的重要手段。要大力推动一二三产业深度融合发展，紧抓国家农村产业融合发展及大健康产业和休闲农业旅游的发展需要，凝聚力量扶持广西六堡茶博物馆、六堡茶特色科普基地、六堡茶田园综合体、六堡茶产业文化创意园、六堡茶旅游康养基地、六堡茶培训中心等建设；鼓励农家茶与厂茶的齐并发展，鼓励茶叶加工企业向园区集聚发展，努力打造一批以广西六堡茶产业为主体的茶旅文商相促进的一二三产业的融合发展；利用区位优势，扩大六堡茶种植规模，通过"公司＋合作社＋农户"的模式，积极探索"茶＋旅游""茶＋科技""茶＋康养"等"茶＋"的茶旅融合文章，打造集"种植—加工—销售—多产业融合"为一体的全产业链发展；在科技、文化、经济上多角度融合以扶持全区茶产业发展，倾斜资金扶持并优先发展广西六堡茶品牌产业，结合业态创新、模式创新、营销创新，引领六堡茶品牌产业全面升级和跨越式的跨界发展。

总之，新时代的六堡茶发展赋予了新内涵，可以概括为"一二三四五"："一句话"，大有前途的六堡茶；"两个自信"，发展六堡茶要充满文化自信和品牌自信；"三个时代特征"，当前六堡茶正进入新时代、"网红"时代和井喷式红利时代；我们要讲好六堡茶的"四个故事"，出身名贵、功效良好、香型丰富、口感迷人；"五大属性"，文化属性、品饮属性、健康属性、收藏属性、投资属性。只有了解六堡茶新内涵，才能讲好六堡茶故事。

三、六堡茶营销

1. 茶的当代需求

①茶的社交需求。茶文化的当代性，就是社会交往属性。从茶的销量占比来看，接待用茶占大部分，也能说明茶的社交属性。六堡茶到了当代，已逐步摆脱了南洋矿工消暑的口粮茶身份，而作为在茶空间一边品茗、一边交流的文化载体。

②茶的养生保健需求。作为药食同源的一部分，茶自然也承担了养生保健的需求。六堡茶能健脾祛湿，这是有大量例证的。无论从毛主席、李济深等无数的名人轶事，

《广西名片：寻味六堡》新书发布会纪念文创茶礼盒　凤小茶供图

还是广大茶客的口口相传，六堡茶都是一款养生保健的好茶。

③茶的收藏与金融需求。茶是稀缺资源。茶的品茗价值和收藏周期与价格有正相关关系，这一特性决定了茶具有收藏价值与金融品的属性。六堡茶的年份茶，有不同的价格体系，为广大的收藏者提供了机会。

茶的这些当代需求，必将呼唤茶的现代营销。茶从产品到商品，需要根据市场需求，对茶的品类进行规划，如小罐茶的横空出世、普洱茶的证券化销售、福建茶的连锁加盟等。六堡茶将会走出一条属于自己的现代营销之路，如线上与线下销售，加盟店与实体店，"书、茶、器"一体化之路等。

2. 茶的品类规划细分

六堡茶因种植地的海拔高低、朝阳背阳的方向、土质、树种、树龄、天气寒暑时间长短、雨水丰歉等方面的不同，茶叶的品质有明显的差异；采摘、加工、储存等不同的处理，茶的口味、香型也有明显的差异。

茶从植物学的角度分类，大家已经耳熟能详。从营销学上的分类来说，六堡茶是个创新。目前，市面上六堡茶分为四类：厂茶，农家茶，非遗传承人的茶及新式茶品。一是厂茶，即新中国成立后国营、集体、私营的一些成规模的厂家生产的六堡茶；二是农家茶，即茶农在没有专业人士指导下，为了赶季节，自己凭经验采摘加工并储存的六堡茶；三是非遗传承人的茶，即近年来以非物质文化遗产传承人为核心，制作的个性化六堡茶；四是新式茶品，在原有的茶品的基础上，为适应现代人的品饮方式进行改良与创新的茶饮品。

3. 茶的品牌策划

品牌是核心竞争力，是六堡茶产业开发、服务质量的综合反映。只有创造出客户认可的品牌，六堡茶才能在日益激烈的市场竞争中占据一席之地。对于刚刚起步的景区来说，应该开展有计划的、系统的、长期的营销活动，逐步在市场上打响知名度。

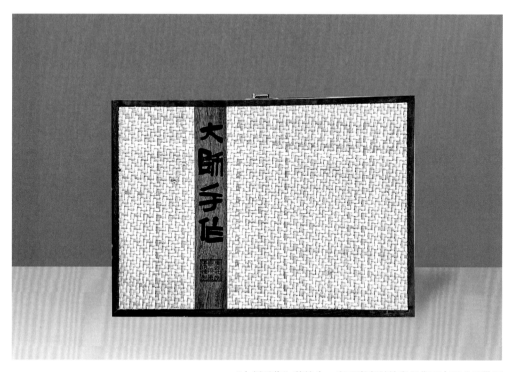

"大师手作" 茶礼盒　广西崇高科技发展集团有限公司供图

六堡茶是一个地理标志名称，它还不是现代营销意义上的品牌。茶品牌的策划，是由品牌名称、品牌定位、品牌故事、品牌视觉Ⅵ系统、品牌传播体系等组成。将六堡茶打造成广西名片，推动六堡茶品牌化发展，是一种有益的尝试与探索。

4. 茶的商业模式打造

①客户细分。对于茶企来说，不同的客户群体构成了不同的商业模式。同时，没有客户，就没有茶企可以长久存活。为了更好地满足客户，茶企可将客户细分为不同的领域，每个细分领域的客户具有共同的需求、共同的行为和其他共同的属性。茶客细分可以定义为一个或多个细分领域。比如从口感需求的年龄划分，青年、中年、老年、

小孩；从性别划分；从健康功效属性划分，祛湿、暖胃、清火、养颜等等。一旦作出决策，就可以凭借对特定客户群体需求的深刻理解，设计相对应的商业模式。

②核心资源。核心资源用来描绘让商业模式有效运转所必需的最重要因素。每个商业模式都需要核心资源，这些资源使得企业组织能够创造和提供价值主张、接触市场、与客户细分群体建立关系并赚取收入。不同的商业模式所需要的核心资源也有所不同。作为茶人、茶商、茶企，要学会寻找自己的核心资源，如技术资源、实体资产、金融资产和人力资源，还有传统非遗传承人的制作技艺，厂茶渠道的扩展或供应链管理等等，都需将其放大并进行扩展与推广。

③价值主张。价值主张是用来描述为特定客户细分创造价值的系列产品和服务。价值主张是客户选择某个品牌的原因，它解决了客户的困扰或者满足了客户的需求。每个价值主张都包含可选系列产品和服务，以迎合特定客户细分群体的需求。在这个意义上，价值主张是公司提供给客户的受益集合或收益系列。有些价值主张可能是创新的，会表现为一个全新的或者具有破坏性的产品或服务；而另一些可能与现存市场产品或服务类似，只是增加了功能和特性。同时作为企业，传统的木桶原理不再成立，今后我们将不再弥补短板，而是延展长处。只需要将自己擅长的一方面发挥到极致，就会有其他人跟你协作，这叫长板原理。

④收入来源。收入来源用来描绘公司从每个客户群体中获取的现金收入。如果客户是商业模式的心脏，那么收入来源就是动脉。一个商业模式可以包含两种不同类型的收入来源：通过客户一次性支付获得的交易收入或经常性收入来自客户为获得价值主张与售后服务而持续支付的费用。企业会基于多种原因打造合作关系，合作关系正日益成为许多商业模式的基石。很多公司创建联盟来优化其商业模式、降低风险或获取资源。从"物联网＋"到"互联网＋"，不同行业之间、不同资源架构的互相渗透、兼并、联合，从而构成了商业新的上层建筑。不同业态将互相制衡，最终达到一种平衡的状态，从而形成新的商业生态系统。同时，想要搭建好客户关系，企业应该弄清楚希望和每个客户细分群体建立的关系类型。客户关系范围可以从个人到自动化。商业模式所要求的客户关系深刻地影响着全面的客户体验。客户关系类型：个人助理、专业个人助理、自助服务、自动化服务、社区服务、共同开发。商业核心优势正在从"价

《中国六堡茶传承人》新书发布会"非遗手作"纪念茶

格"变成"服务"。消费者需要从对产品的满意感，升级为精神层面的满足感。以前是人随物动，现在是物随人心。为此，商家的文化、创新、体验及情怀，都将有用武之地。

⑤渠道通路。渠道通路用来描绘茶企如何沟通、接触其客户细分而传递其价值主张。渠道通路包含以下功能：提升产品或服务在客户中的认知；帮助客户评估其价值主张；协助客户购买特定产品和服务；向客户传递价值主张；提供售后支持。在充分利用传统营销方式的基础上，企业要结合时代发展特点，利用各种通道与各种传媒技术，创新整合方式推广销售。

商品流通。渠道畅通很重要。线下传统渠道：在广州芳村市场、杭州茶城等设立总批发中心，在全国设立省、地市级总经销。线上互联网渠道：在互联网营销平台进行销售，私域平台带货等。

渠道攻略。老企业、大企业，大多依靠传统线下渠道。新的小企业、传承人茶等，则比较重视线上的互联网营销渠道。

特色营销。精品必造势。六堡茶有许多精品，例如从南洋回购的"侨茶"、大厂20世纪50—80年代市场的老茶、传人古树特制茶等等。如果不造势，这些精品好茶，就会"养在深闺无人识"。精品造势的最佳商业手段，是拍卖会或者展销会、活动推广等。

新媒体的促销。一是官宣，二是直播带货，三是茶文化推广。官宣是正面宣传六堡茶的各种动态，直播带货是新的营销模式，茶文化的视频推广，是当下最具性价比、最有效的方式。

加盟店与社交圈营销。六堡茶要做的地面营销工作，就是引进现代营销的必备手段，即"加盟店计划"。加盟店营销有三大好处：一是品牌效应，加盟店的品牌传播力非常强；二是资本效应，大量的社会闲散资金，通过加盟店形式，参与六堡茶事业，可以迅速用资本的力量，将六堡茶做强做大；三是消费培育效应，加盟店既是营销场所，又是六堡茶文化传播空间。对六堡茶文化空间的打造，可以从茶、器、书、歌舞、书法欣赏、艺术沙龙等方面，进行精心策划，这对于六堡茶社交圈营销，也是一大助力。

⑥价格结构。成本结构用来描述运营一个商业模式所引发的所有成本。成本驱动的商业模式：侧重于在每个地方尽可能地降低成本。这种做法的目的是创造和维持最经济的成本结构，采用低价的价值主张、最大程度自动化和广泛外包。价值驱动的商业模式：有些公司不太关注特定商业模式设计对成本的影响，而是专注于创造价值。增值型的价值主张和高度个性化服务通常是以价值驱动型商业模式为特征的，作为六堡茶的经营者其结构导向还是以价值及市场的认可为导向。从产品到商品，六堡茶的价格体系设计十分关键。为此，可以将六堡茶进行六级定价的探索。入门级，100元，适合"爱好者"了解的产品；口粮级，200—300元，适合"茶友"日常消费；接待级，500—800元，满足商务、政务接待；礼品级，1200—1800元，适合送礼；收藏级，5000元以上，适合收藏、增值；传承级，个性化定价，孤品、老年份茶，适合收藏、传承。

⑦资金来源多方引资，可通过五种渠道：一是企业自筹；二是全链引资，将吃、住、行、游、娱、购、康、体、教都纳入到旅游投资招商的范畴之中，多角度获得资金来源；三是捆绑引资，将茶园建设与小景点进行捆绑，将长期收益与短期利益进行捆绑，将分散的项目与整体的项目进行捆绑，将效益丰厚的景点与效益一般的景点进行捆绑；

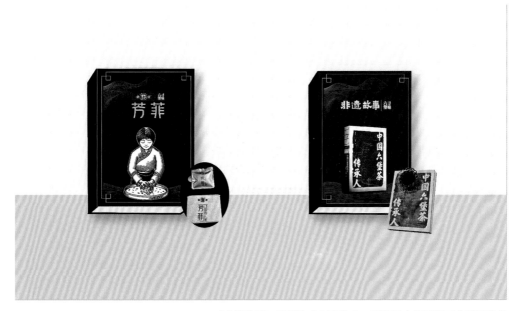

"非遗故事：芳菲"文创茶礼盒　苍梧县六堡镇黑石山茶厂出品

　　四是金融引资，向本地商业银行、金融证券等企业寻求贷款，通过发行旅游债券，向社会资本融资；五是政策引资，主动对接三农政策、乡村振兴政策、文创产业扶持政策、生态环保相关政策等。

后记

后记

六堡茶发展到今天，非常需要一本能让大家对六堡茶有全方位认识和了解的普及读物，《中国六堡茶大全》应运而生。本书包括茶史、茶叶、茶习俗、茶品鉴、茶仓储、茶人、茶企、茶产品、茶空间、茶馆藏、茶教育、茶组织、茶文旅、茶产业十四章，内容兼顾全面性与代表性。

《中国六堡茶大全》是基于我们创作的《寻味六堡》《广西名片：茶与器》《广西名片：寻味六堡》《中国六堡茶传承人》等书的基础上，进行总结、提炼、创新而形成的一部新著作，在一定程度上反映了我们多年来对六堡茶研究的心路历程。

希望本书的出版能对宣传、推广六堡茶，提升六堡茶的影响力和美誉度，让更多人认识六堡茶、了解六堡茶、喜欢六堡茶、品鉴六堡茶、收藏六堡茶发挥积极作用。

在本书即将付梓之际，中国工程院院士陈宗懋、刘仲华，浙江大学教授王岳飞亲自为本书作序，夏涛、王登良、邵苑芳、王旭峰等茶学专家为本书撰写了推荐语，著名书法家刘炳清为本书篆刻了书名印章。本书的出版，还得到了广西科学技术出版社、苍梧县六堡山坪投资发展有限公司、广西嘉成农产品有限公司、苍梧县六堡茶城投资集团公司、广西凤中凰茶业有限公司（凤小茶）、广西吾茶空间投资管理有限公司、来宾市飞龙小学，以及罗平安、余晓雷、吴平、方一知等大力支持和帮助，在此一并表示衷心感谢！

童团结　曾艳

2023 年 12 月 20 日

半成品

（六堡茶）

附录

附录一

1. 六堡茶制作技艺市级代表性传承人（7人）

林栋文　蒋永春　邓红霞　黄洁燕　陈秋梅　黎宝林　易柳凤

2. 六堡茶制作技艺县级代表性传承人（233人）

何菊贞	郑业栋	韦显芳	禤小红	黄锦乔	韦展华	李　枚	陈常清	梁柳妃
梁加艺	彭敏兴	吴清松	陈醒华	陈炳耀	谭胜新	吴　峻	黄东乔	黄俊添
石柱坤	覃秋丽	覃秋翠	杨均发	邓炳新	廖雪梅	黄肇贤	石静玉	黎统荣
黎琼英	李群英	范永英	黄业花	徐泳婵	于春燕	罗燕素	吴重奋	谢柳云
张瑜纯	廖位明	石秋红	岑　铭	易丽芳	蒋金新	陈永恒	罗亚密	陈兴恒
李霞婷	石云霞	黄燕霞	熊　霞	陈格格	李俊达	梁钊云	莫格兰	何振华
易丹洮	廖艳芳	梁伯胡	吴水连	莫静红	莫彩玉	李杰春	林伟裕	陈小花
吴志年	吴耀操	何业华	刘建明	黄彐连	陈美芳	郑　特	吴益操	林伟超
莫丽红	梁菊仙	陈　新	陈叙群	李丽坚	易丹彩	郑伟珍	易建平	林柱雄
梁加球	邓锦妃	林秀琼	韦叶青	吕庆婵	陈良安	李秀婵	钟建民	李广深
倪超帆	冯丽娇	梁培坤	陈　婷	廖位文	易小瑜	邓惠少	石　坚	林翠琼
陈琪生	谢小玲	石秉松	钟　梅	江欣凤	梁培晴	肖　婷	冯丽清	胡琼月
凌　凌	陈秀炎	黄海霞	石柱新	陈海燕	吴结香	梁家耀	罗秀丽	梁舒云
廖锦芝	黄应乔	袁夏梅	覃士新	易章鑫	徐锦娟	韦湛生	吴红燕	陈文通
郑茵之	李维龙	黄　菊	潘燕君	陈培楠	林丽娟	梁舒琴	韦展生	姚百喜
黄宇乔	范徽通	钟夏连	李金妃	吴燕红	郑杰基	郑钦基	向燕妮	邓英坤
钟锦峰	韦丽芳	莫玲玲	肖　莹	赵静连	吴永展	朱艳娟	黎茂林	黎鑫峰
覃玉慧	钟烨贤	覃燕萍	黎金涛	钟安琪	张颖凤	梁杰斌	禤满球	黄水松

许　娜	梁茜燃	李安妮	易燕霞	易美霞	黄醒伟	徐小敏	梁　坤	邓植源
黄家全	梁加华	黄湛声	蒋庆兰	吴世江	覃耀华	李永忠	黄敏叶	黄明乔
梁柏显	张伟雄	何庆文	黄　林	农文壮	莫春连	彭勇燨	孔葵清	梁燕梅
易鼎雯	覃群兰	吴结林	梁海寿	陀凤清	刘月燕	钟敏昌	林明华	梁汉南
黄金福	黄燕乔	汤雪芬	杨秋华	陈世培	黎世平	蒋少奎	潘柳容	易万煌
梁伯森	梁锦慧	陈小红	陈　云	黄锦斌	陈勇亲	易小琳	姚　瑶	黄小霞
陈小慧	梁金水	姚宝华	黄结霞	梁芳滔	廖菊花	张金梅	黄佑红	谢　妮
朱小青	廖显燕	蒋朝晖	莫伟芳	郭灿奇	梁楚玲	黄锦斌	陈浩雄	

3. 六堡茶冷水发酵技艺市级代表性传承人（25 人）

张均伟	谢加仕	蔡一鸣	何梅珍	杨锦泉	石荣强	黄进达	林家威	庾艳玲
刘建明	胡　玲	吴　燕	李　访	姚静健	唐世江	赵玉光	李丽森	肖盛礼
蒙杰辉	陈　理	高敏玲	黄金福	黎　义	廖敏强	马泽龙		

附录二 六堡茶标准体系示意图

六堡茶标准体系示意图 (吴平绘于2023年12月)

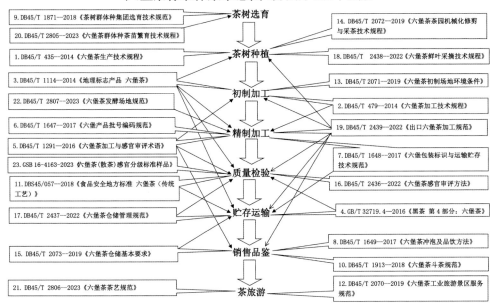

我在六堡等你

童团结　词
卫　东　曲

1=E 2/4

5 6 1 2 3 | 2 1 1· | 2 2 3 2 1 | 6 5 5· | 5 1 3 5 | 6 6 5 3
美丽神奇的　六　堡　总让我魂牵　梦　绕　百里茶山　云雾缭绕

2 1 2 3 2 1 6 | 2 - | 5 6 6 1 2 3 | 2 1 1 | 2 2 3 2 1 6 | 5 6 5·
如梦如幻如此美　妙　蜿蜒的茶船　古　道　飘荡着千年的　茶　香

5 1 3 5 5 | 6· 5 3 | 2 2 1 2 1 6 1 | 1 - | 1 - | 5 3 5 6 1
乡亲们唱起　采茶调　茶箩娘送来了福　报　　　　　　六堡的山

6 6 3 5 | 5 3 5 6 1 | 1 6 3 2 | 2 1 2 3 5 | 6 6 5 3 | 2 1 2 3 6 1 3
鸟语花香　六堡的水　清波荡漾　迷人的四季　桃李芬芳　让我醉在你的心

5 - | 5 3 5 6 1 | 6 6 3 5 | 5 3 5 6 1 | 1 6 3 2 | 2 1 2 3 5
上　　六堡的茶　万里飘香　六堡的人　淳朴善良　道不尽乡愁

6 6 6 5 3 | 2 1 2 3 6 5 6 | 3 2 2 0 6 2 1 | 1 - | 1 -
诉不完衷肠　唱不够的歌谣看　不　够　你模　样

2 1 2 3 5 | 6 6 5 3 | 2 1 2 6 5 6 | 3 2· 2 6 | 1 - | 1 -
醉美茶乡　真情在　我在六堡　等　你　来

醉 人 千 年

演唱：王予嘉

童团结 曾艳 词
韦吉兴 曲

1=F 4/4

♩=118

(0 0 0 0 | 0 0 0 0 | 0 0 0 0 | 0 0 0 0 | 0 0 0 0 |
　　　　　　　　　　　　　　　　骑楼城龙母庙鸳鸯秀水世无双纸

0 0 0 0 | 0 0 0 0 | 0 0 0 0 | 0 0 0) 0) 0·5 | 3 3 3 3 5 1 |
包鸡六堡茶红浓陈醇醉千年　　　　　　　这 三江汇聚荡起

2 3 2 1 05 | 6 1 1 6 6 1 | 4 3 1 2·5 | 5 5 5 5 5 5 | 1 7 5 6 — |
鸳鸯秀水　这 百年骑楼尽显 岭南风情 这 茶船古道飘荡 千年茶香

6 1 6 1 — | 4 3 1 5 05 | 3 3 3 3 5 1 | 2 3 2 1 05 | 6 1 1 6 6 1 |
多么神奇　多么美丽 这 大山坚守凝聚 一生情怀 这 匠人匠心共筑

4 3 1 2·5 | 5 5 5 5 5 5 | 1 7 5 6 — | 6 1 6 1 — | 4 3 — 2 |
一个 梦想 这 千年技艺延续 不老传奇　多么 自豪　多么 荣

1 — — | 0 0 0 3 3 4 5 | 5 5 5· 3 | 5 5 5 6 7 | 1 3 — 3 1 |
光　　　　都说那 一方水土 养 一方物　物华天宝 自然

7 6 5 5 5 5 | 6 1 1 1 7 | 5 3 1 1 2 3 | 3 3 3 1 3 |
的 恩赐 人杰地灵美丽的 六 堡茶　化作 红浓陈醇醉

3 2 2 2 3 5 | 6 6 6 6 1 | 1 7 7 7 3 4 | 5 5 5 5 5 2 |
人 千年 红浓陈醇香飘五湖 四海 八桂 大地 唱响 春

2 1 1 1 05 | 6 7 1 1·5 | 6 7 1 1 05 | 6 7 1 1 — | 1 — 3 2 1 |
天 故事　多么神奇　多么美丽　多么自豪　　多么荣

5 — — | 5 - 0 05 | 3 3 3 3 5 1 | 2 3 2 1 05 | 6 1 1 6 6 1 |
光　　　　　这 三江汇聚荡 起鸳鸯秀水　这 百年骑楼尽 显

4 3 1 2·5 | 5 5 5 5 5 5 | 1 7 5 6 — | 6 1 6 1 — | 4 3 1 5 05 |
岭南风情 这 茶船古道飘荡 千年茶香　多么 神奇　多么 美丽 这

3 3 3 3 5 1 | 2 3 2 1 05 | 6 1 1 6 6 1 | 4 3 1 2·5 | 5 5 5 5 5 |
大山坚守凝聚 一生 情怀 这 匠人匠心共 筑 一个 梦想 这 千年技艺延续

1̇ 7 5 6 - | 6̣ 1 6 1 - | 4 3 - 2 | 1 - - - | (0 0 0 0 | 0 0 0 0
不 老 传 奇　多 么 自 豪　多 么 荣 光　　　　　骑 楼

0 0 0 0 | 0 0 0 0 | 0 0 0 0 | 0 0 0 0 | 0 0 0 0
城 龙 母 庙 鸳 鸯 秀 水 世 无 双 纸 包 鸡 六 堡 茶 红 浓 陈

0 0 0 0 | 0 0 0 0 | 0 0 0 0 | 0 0 0) 4 5 | 6 6 6 1
醇 醉 千 年　　　　　红 浓 陈 醇 香 飘 五

1 7̣ 7̣ 7̣ 3̣ 4 | 5 5 5 5 2 | 2 1 1 0 5̣ | 6̣ 7̣ 1 1 · 5
湖 四 海　八 桂 大 地 唱 响 春 天 故 事　多 么 神 奇　多

6̣ 7̣ 1 1 0 5̣ | 6̣ 7̣ 1 1 - | 1 - 3 2 1 | 5 - - - | 5 - 0 5̣
么 美 丽　多 么 自 豪　　多 么 荣 光　　　　　这

3 3 3 3 5 1 | 2 3 2 1 0 5̣ | 6̣ 1 1 6̣ 6̣ 1 | 4 3 1 2 · 5̣ | 5 5 5 5 5 5
三 江 汇 聚 荡 起 鸳 鸯 秀 水　这 百 年 骑 楼 尽 显 岭 南 风 情 这 茶 船 古 道 飘 荡

1̇ 7 5 6 - | 6̣ 1 6 1 - | 4 3 1 5 0 5̣ | 3 3 3 3 5 1 | 2 3 2 1 0 5̣
千 年 茶 香　多 么 神 奇　多 么 美 丽 这 大 山 坚 守 凝 聚 一 生 情 怀 这

6̣ 1 1 6̣ 6̣ 1 | 4 3 1 2 · 5̣ | 5 5 5 5 5 5 | 1̇ 7 5 6 - | 6̣ 1 6 1 -
匠 人 匠 心 共 筑 一 个 梦 想 这 千 年 技 艺 延 续 不 老 传 奇　多 么 自 豪

4 3 - 2 | 1 - - - | 0 0 0 5̣ 5̣ | 6̣ 1 1 1 6̣ | 6̣ - - 5̣ 5̣ | 4 3 - 2
多 么 荣 光　　　　一 片 神 奇 的 树 叶　造 福 一 方 百

1 - - - | 1 - - - | 1̇ - - - | 1̇ - - - | (0 0 0 0 | 0 0 0 0 | 0 0 0 0
姓　　　　　　啊......

0 0 0 0)‖

童团结

男，作家，广西灌阳县人。出版《等你回家结婚》、《点亮人生》（与张严方合作）、《与山对话：刘益之传》、《中国坭兴陶艺名人》、《坭兴陶收藏与鉴赏》、《寻味六堡》、《北流陶瓷 100 年》、《广西名片：茶与器》、《广西名片：寻味六堡》（与曾艳合作）、《寻找散落的红星》、《中国六堡茶传承人》（与曾艳合作）、《灌阳油茶》（与许素菊、刘一凡、支克蓉合作）等作品；主编《神奇的千家洞》、美丽广西杂志社专刊（《广西名片：茶与器》《千年坭兴陶》）。应邀到广西"八桂讲坛"、柳州"龙城讲坛"、桂林"百姓大讲坛"以及广西民族大学、梧州学院等院校主讲广西茶器文化。

扫一扫，加我微信

曾艳

女，作家、书法家，广西河池市人。广西文化旅游策划规划设计专家库专家。持有教师资格证、记者证、中国商务策划师证。现为广西文化产业协会会长、广西书法家协会会员、广西美术家协会会员，诗、书、画、印皆佳，曾在各类媒体发表文章近500余篇并获得众多学术奖励成果。出版《广西名片：寻味六堡》（与童团结合作）、《中国六堡茶传承人》（与童团结合作）。

扫一扫，加我微信